植物大戰殭屍2 人體漫畫 護牙行動大反攻

笑江南 編繪

中 華 教 育

菜問

騎牛小鬼殭屍

淘金殭屍

斗篷殭屍

路障牛仔殭屍

普通牛仔殭屍

殭屍博士

功夫氣功殭屍

雞賊殭屍

專家推薦

在温飽問題還沒有解決的年代，大家都想着如何填飽肚子；在温飽已經不再是問題的新時代，卻有很多人因為齲齒、牙列缺損、「老掉牙」等問題而無法享受食物的美味和生活的美好。

有人說，牙疼不是病。同學們一定要摒棄這種陳舊的看法，正確認識到口腔健康是身體健康的重要組成部分，從小樹立起「牙齒很重要」的觀念。口腔問題不僅僅影響人們的容貌、吃飯和說話行為，影響生活質素，還和心腦血管疾病等全身疾病密切相關。在口腔問題上，預防、早治是關鍵，預防比治療更重要，有些影響牙齒健康的壞習慣，要儘早糾正。為了避免滿口「蟲牙」「老掉牙」等問題，同學們一定要學會保護自己的牙齒。

本書講述了牙疼、齲齒、牙周病、牙列不齊等常見口腔疾病，又闡述了正確的刷牙方式、使用牙線及牙周治療的重要性等，是一本很好的科普讀物。

作為一名口腔醫生，我呼籲大家重視口腔健康，衷心地希望同學們能夠通過閱讀這本書，養成科學的認知觀念和良好的口腔衞生習慣，健康茁壯成長！

王佃燦

北京大學口腔醫院副主任醫師　博士

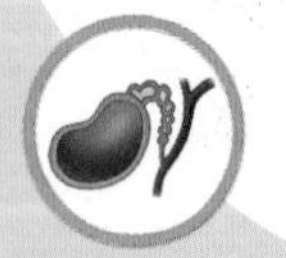

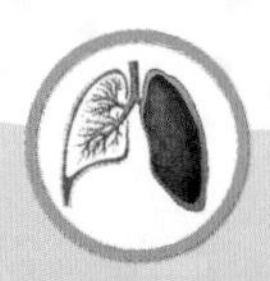

目錄

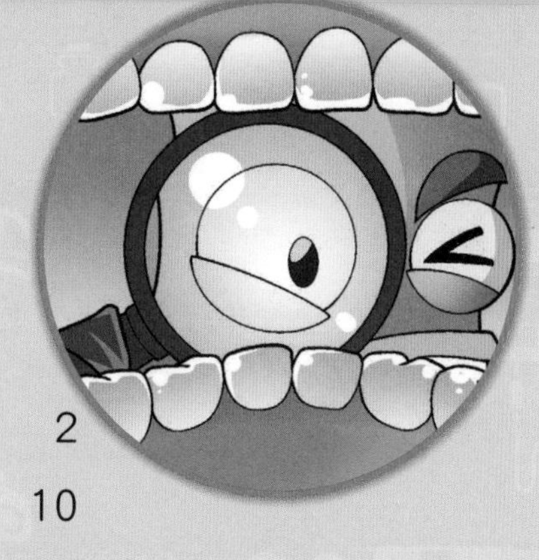

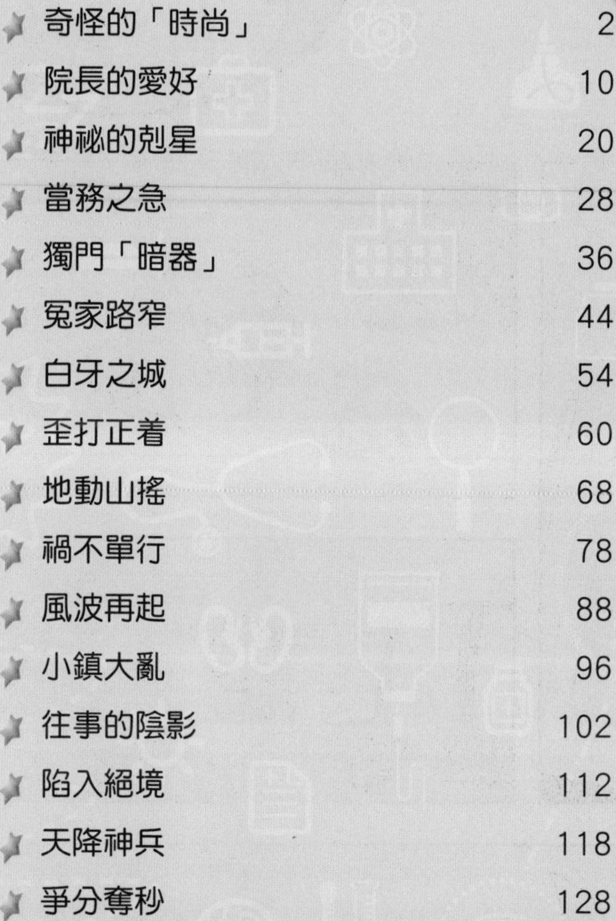

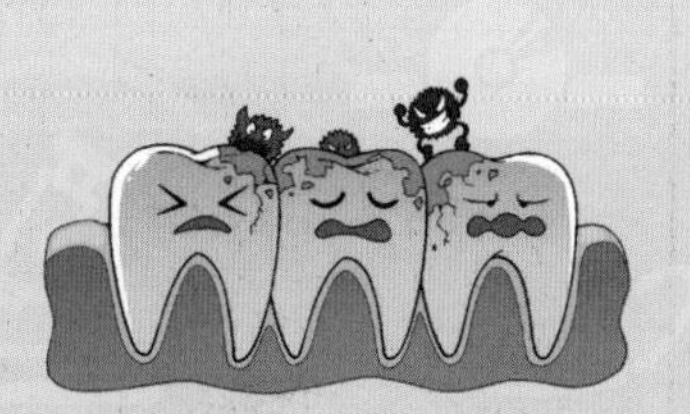

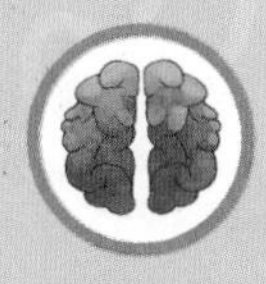

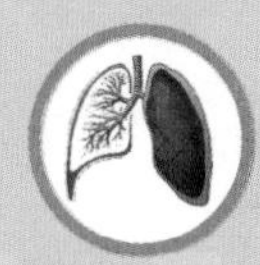

奇怪的「時尚」

植物鎮

嘍嘍

哎喲

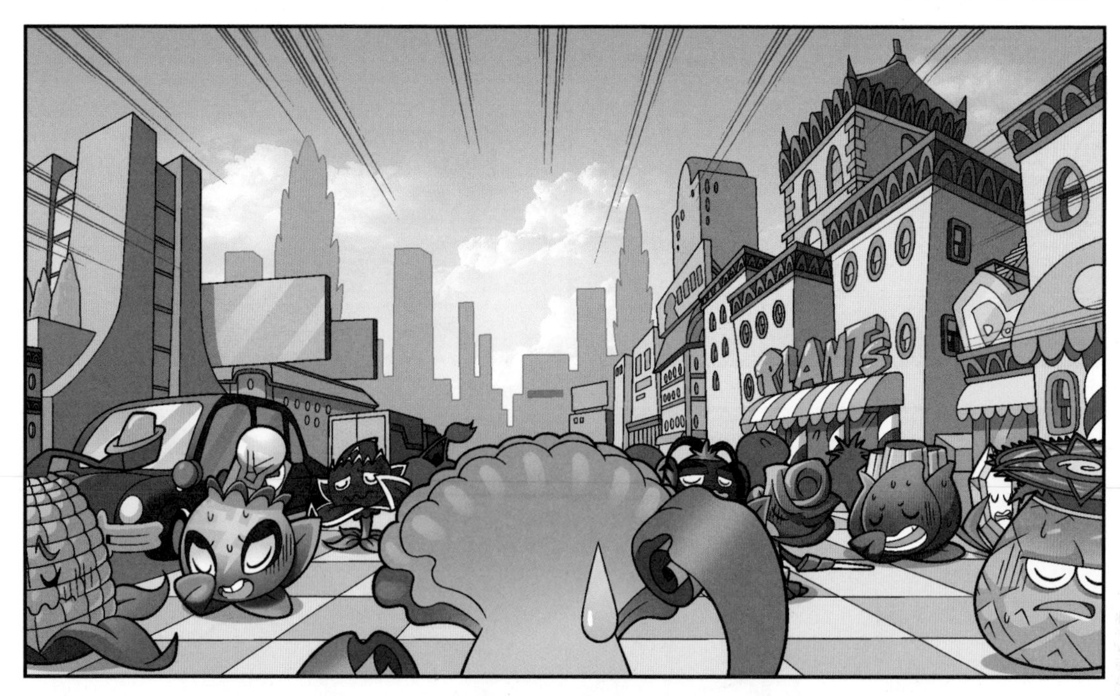
PLANTS

難道現在流
行捂臉美？

植物鎮醫院

嘿，向日葵！

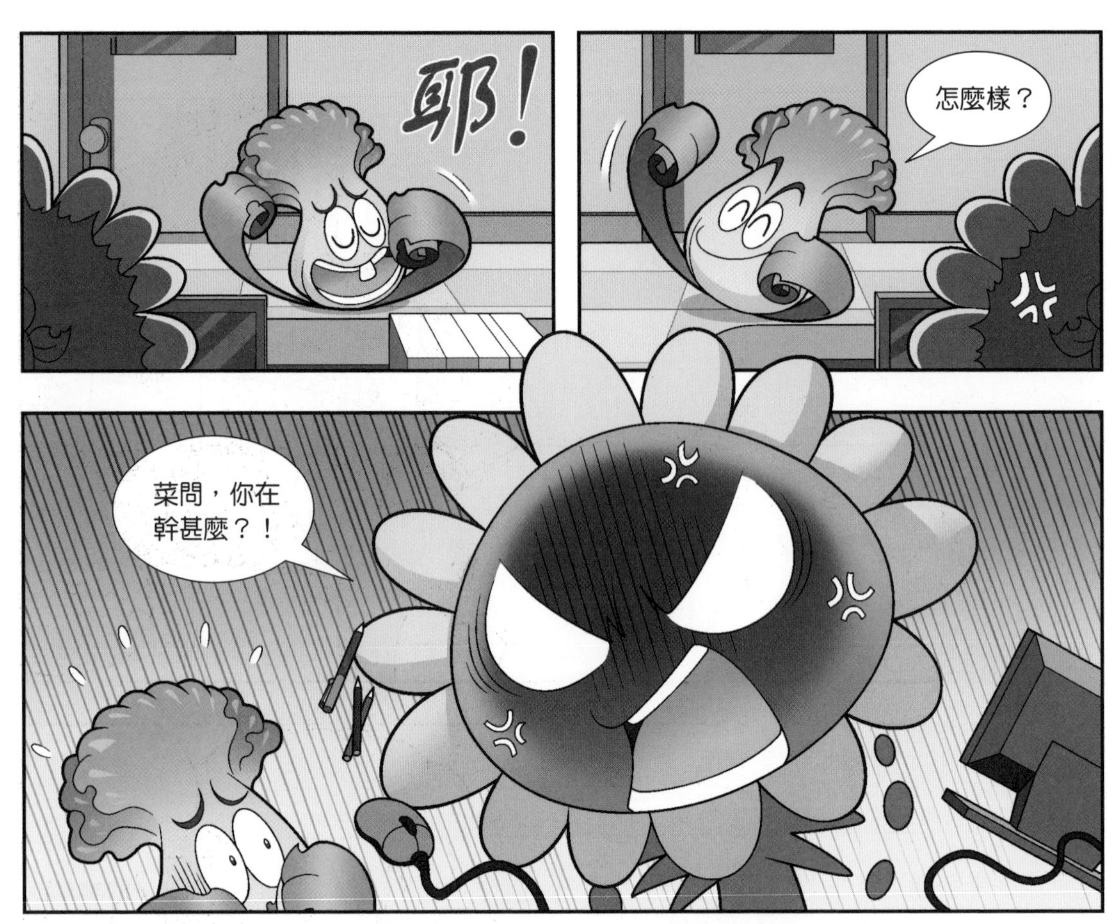
耶！
怎麼樣？
菜問，你在
幹甚麼？！

你看我酷
不酷？
你為甚麼總
捂着臉？
捂臉可是新時
尚，大街上到
處都是捂臉的
植物！

那你還不
夠標準。
護士站
不夠標準？

你缺少痛苦
的表情。
甚麼？

大家都是因
為牙疼才捂
臉的！
護士站
不會吧，這
麼多人同時
牙疼？
不信？我現
在就帶你去
看看！

牙科診室
牙科
啊——
張嘴。

啊——

哎喲！

醫生，我病得很嚴重嗎？

不是，是我最近休息太少，眼睛不太舒服。

你最近是不是經常牙疼？
嗯，不僅牙疼，前幾天臉都腫了。

齲齒是會引起臉腫的。
「曲齒」？我的牙齒變彎了嗎？

不是，齲齒就是通常說的蛀牙。
qǔ chǐ
齲 齒
如果不及時治療，可能會引起牙髓炎、牙槽膿腫等，從而導致牙疼和面部腫脹。

啊？蛀牙就是奶奶說的蟲牙吧？原來我的牙真的被蟲子咬了……

我們不是蟲子，我們是細菌，這裏已經被我們占領了。

不是真的被蟲子咬了……當你吃完食物，如果牙齒清潔不徹底，細菌就會將食物殘渣發酵成酸性物質，從而腐蝕牙齒，形成蛀牙。

齲齒如果得不到治療，發展到最後會造成牙齒缺損，甚至牙缺失。
好可怕！

我每天都認真刷牙，用的還是比較貴的牙膏，怎麼還會有齲齒呢？
你可能沒刷乾淨。

醫生，麻煩您快點！
啊！

我牙疼好幾天了！
為甚麼我們都突然牙疼，這究竟是怎麼回事？
大家先別急，原因一定會找到的。

牙科
看，我沒騙你吧。
太奇怪了！

向日葵、菜問，你們來得正好！

大家同時牙疼，這一定有問題！

現在病人太多，我脫不開身，查清真相的任務就交給你們了！
好！

院長的愛好

其實，我腦海
裏一直在想閃
電蘆葦院長交
代的事。
是啊，這事太
怪了！

我知道了！

這是傳染病！
蛀牙會傳染？
這不可能吧！

也對……那會不會
是大家都吃了對牙
齒不好的東西？
就算吃了甚麼，
那些病人也都認
真刷牙了，不應
該這樣啊。

那就只能
是——
甚麼？

我還沒想
好……

呼呼

巴豆？

有吃的，我
剛好餓了！

你一個小孩子，
拿這麼多牙膏幹
甚麼？
牙膏？對了，我得趕
快回去！我鄰居旋風
橡果牙齦出血好幾天
了，他要用這些牙膏
刷牙止血。

牙齦出血大多是由
牙結石和牙菌斑刺
激引起的，牙膏對
止血沒多大用的。

真的嗎？怪不
得他用了幾天
也沒效果。
快帶他去醫院看
看吧，拖着會愈
來愈嚴重的。

我們陪你一起
去找他吧！
好啊！

旋風橡果家

橡果哥哥，你
怎麼樣了？

啊

不好，他燒得很厲害！
得叫救護車！

嘀嘟嘀嘟
救護

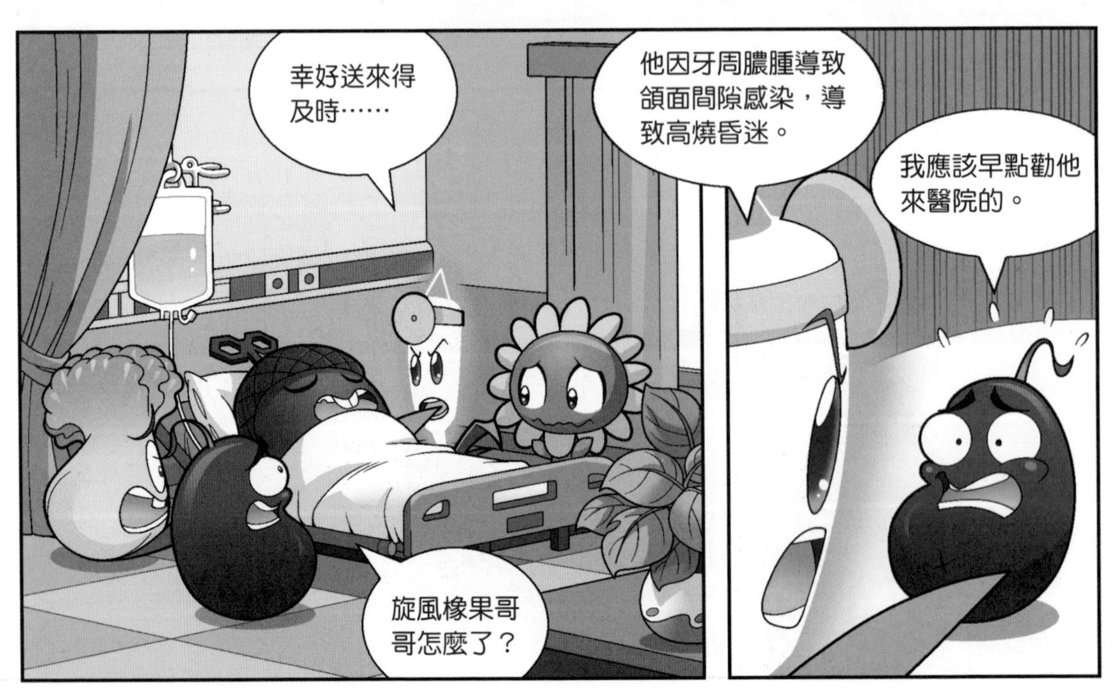
旋風橡果哥哥怎麼了？
幸好送來得及時……
他因牙周膿腫導致頜面間隙感染，導致高燒昏迷。
我應該早點勸他來醫院的。

咦？
怎麼了？

旋風橡果平時一定不刷牙吧？
不是啊，他每天刷牙，尤其是最近，他一天要刷好幾次牙呢。

那他的齲齒怎麼會這麼嚴重呢？

跟這幾天突然增多的齲齒病人一樣嗎？
旋風橡果的齲齒更嚴重。

既然他每天都刷好幾次牙，那問題會不會出在牙膏和牙刷上呢？

植物鎮

旋風橡果的牙刷
沒有問題，但牙
膏還需要確認。
我們把其他病
人使用的牙膏
也都帶來了。

你們看——
碳酸鈣

嘶 嘶

嘶
嘶
嘶
嘶
嘶
嘶

有氣泡，好神奇！

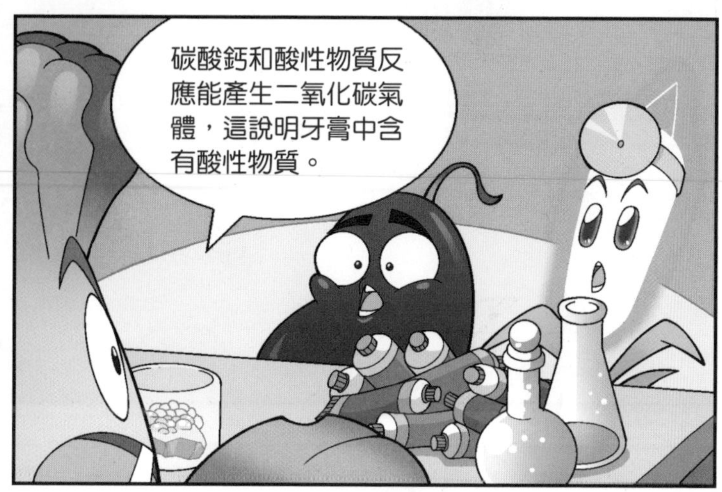

碳酸鈣和酸性物質反應能產生二氧化碳氣體，這說明牙膏中含有酸性物質。

而牙膏通常都是弱鹼性的，所以這些牙膏肯定有問題。
酸性物質會侵蝕琺瑯質，看來這些牙膏問題很大。

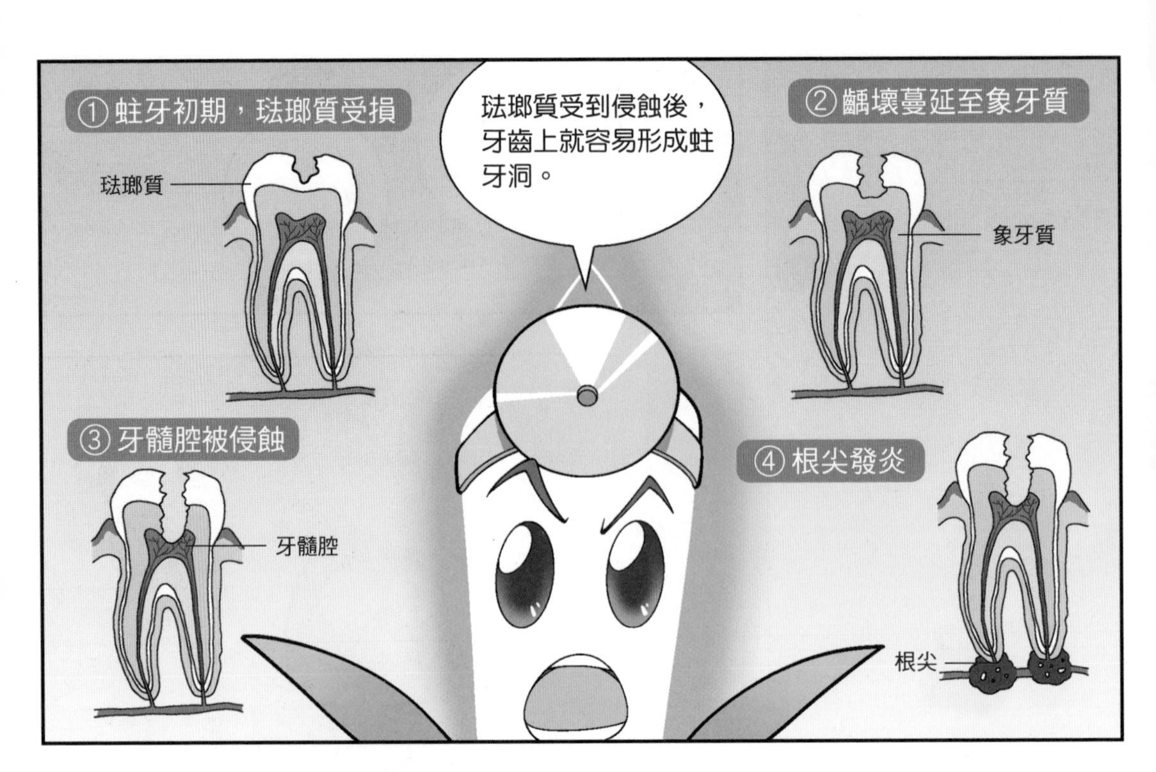
琺瑯質受到侵蝕後，牙齒上就容易形成蛀牙洞。
① 蛀牙初期，琺瑯質受損
琺瑯質
② 齲壞蔓延至象牙質
象牙質
③ 牙髓腔被侵蝕
牙髓腔
④ 根尖發炎
根尖

怪不得我和菜問的牙齒都沒事。

為甚麼？

因為院長您太喜歡自製牙膏啦，我們根本沒有機會用別的牙膏啊！

巴豆，你的牙
齒還好嗎？
還行。

看來你很會保
護牙齒啊。

其實——閃電蘆葦
院長半年前已經幫
我補過牙了。

神秘的剋星

殭屍博士實驗室

多虧了有你，我的假牙膏計劃才能成功！你真不愧是植物剋星啊！

砰

現在植物們一定痛不欲生了，哈哈！
這點痛苦算甚麼？！

我還有更厲害的招數沒使出來呢！

話說你到底是誰？
怎麼感覺你對植物的怨氣比我們殭屍還重……
哎喲，我的牙！

騎牛小鬼！我不是告訴過你，不要放太多檸檬嗎？
我沒有啊……

為了省錢，我根本沒放檸檬！

省甚麼錢？這個月我不是給過你生活費了嗎？
但是您為了研究破壞琺瑯質的牙膏配方，讓我買了好幾箱檸檬，錢都花在那上面了！

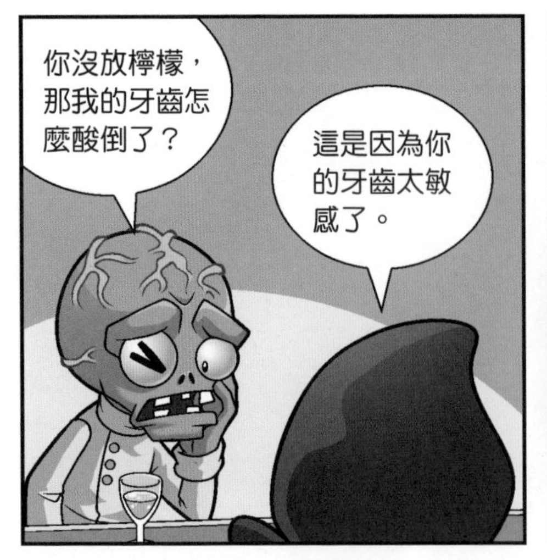
你沒放檸檬，
那我的牙齒怎
麼酸倒了？
這是因為你
的牙齒太敏
感了。

當琺瑯質被腐蝕破壞，接
近齲壞部位的象牙質在受
到冷、熱、酸等刺激時，
就會出現酸痛感，也就是
敏感牙齒。

這可怎麼辦？
我好難受啊。
找牙醫治
療啊。

這個時候
我去哪兒
找醫生？

遠在天邊，
近在眼前。
欸啊？

別看了，
就是我！

你？
我可是牙齒專家，比醫院裏那些不知名的小醫生可靠多了！

那你說我的牙齒該怎麼辦？

牙周病……很好，你沒有。
減少酸性食物和飲料的攝入，每次進食後都要記得清潔口腔。
扔
哎呀，博士不能喝，可以留給我喝啊！

現在你要使用專業抗敏牙膏了，這可以在一定程度上減輕牙齒的酸痛感。
扔

總算救回來了。生活費本來就不多，不能浪費。

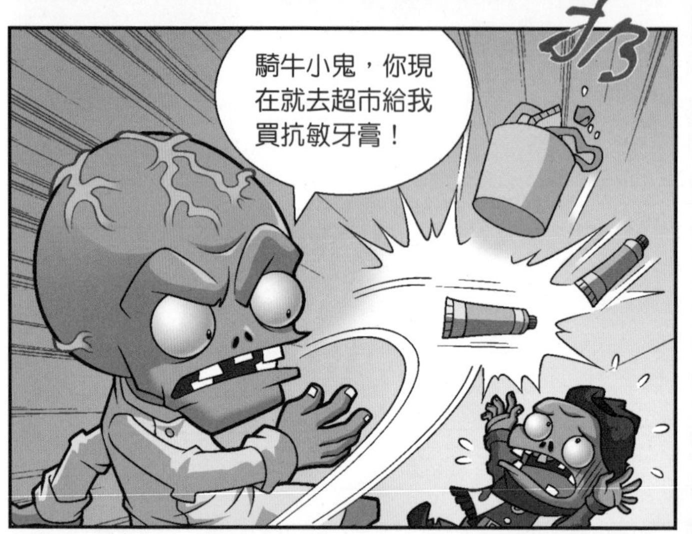
扔
騎牛小鬼，你現在就去超市給我買抗敏牙膏！

我的牙膏……

這大半夜的，超市肯定都關門了！
出口
我不管，你要是沒買到，就別回來了！

砰

這三更半夜的，博士太過分了！

嘩啦啦
24H

老闆，等一等，我要買東西！
你快點選，我已經下班了！

你要買哪種類型的牙膏？
我要買……

最便宜的那種！

博士就給了這麼一點錢，架子上的牙膏我都買不起。

小兄弟，你可算來對地方了！
真有這麼便宜的牙膏嗎？

當然了！你跟我來。

這些都是新進的抗敏牙膏，你的錢剛好夠買一支。
太好了！物美價廉，還是我想要的抗敏牙膏！

超
咖啡
老闆，再見！
這下能完美交差了！
總算把低價收來的劣質貨賣出去了。

當務之急

植物鎮醫院

大家不要吵！
先聽閃電蘆葦院長講話！

現已查明，大家牙疼是因為牙膏裏被摻入了腐蝕琺瑯質的成分。
所以市面上的牙膏都不能用了！
總不能不刷牙吧？
真的嗎？
那怎麼辦？

這是我平常使用的自製牙膏，大家可以先用着。

大家排好隊，
每人領一支。

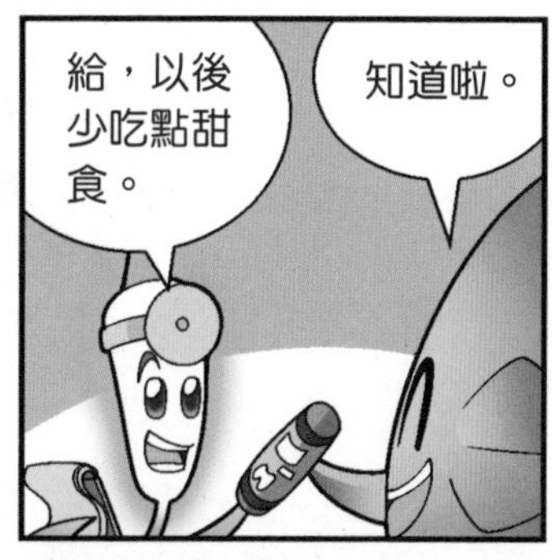
給，以後
少吃點甜
食。
知道啦。

下一個。
唉，這要是
排隊發糖該
多好啊。

給你兩支，其
中一支給旋風
橡果。
一支就行，您之前
給我看牙時送我的
牙膏我還沒用完。

還沒用完？巴豆，
你一定要堅持刷牙
啊。對了，旋風橡
果現在怎麼樣了？
他好多了，不
過我不太好。

你沒吃
飯嗎？
排隊排得肚
子都餓了。

我匆匆趕過來，不
小心摔了一跤，早
飯掉地上了。

對了，旋風橡果
哥哥甚麼時候能
預約補牙？
唉，不好說，最近
需要補牙的病人太
多了，醫院的補牙
材料都用光了。

那怎麼辦？

菜問、向日
葵，你們過
來一下。
怎麼了？

植物鎮的補牙材料都用光了，麻煩你們去白牙城買一些回來。

白牙城？
嗯，那是唯一的補牙材料生產基地。

事不宜遲，我們準備一下就出發吧！
嗯！

等等我，我也去！

你一定是想儘快帶回補牙材料給旋風橡果吧？

那當然！不過……我還想順便去嘗嘗白牙城的美食。

殭屍博士實驗室

擠

怎麼總覺得刷不乾淨呢？
唰唰

你的刷牙方式錯了，你應該用貝氏刷牙法刷牙。
貝氏刷牙法？

刷牙時，先刷牙齒的外側面，將牙刷毛指向牙根尖方向，與牙齒呈 45° 角。
45°

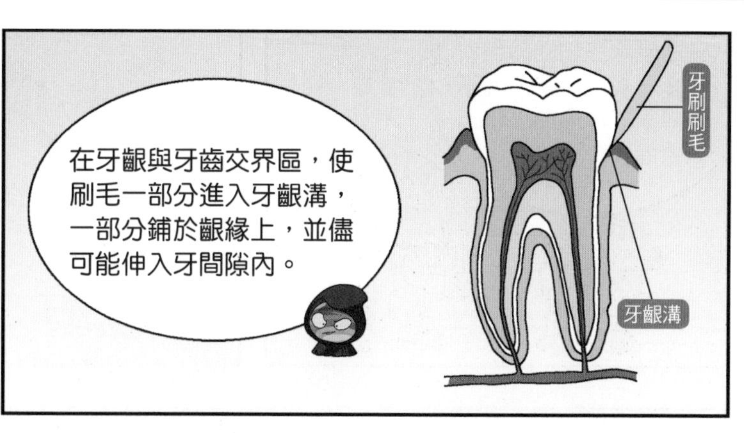
在牙齦與牙齒交界區，使刷毛一部分進入牙齦溝，一部分鋪於齦緣上，並儘可能伸入牙間隙內。
牙刷刷毛
牙齦溝

刷牙時不要過度用力，對於不同的牙齒部位，採用不同的刷牙方式。

而且最好使用有纖細刷毛的牙刷，既有利於清潔牙齒，也可以減少刷牙時對牙齦的傷害。

說起刷毛纖細，我的牙刷一定是最符合標準的。
你這牙刷多久沒換了……

才兩年多。

牙刷使用三到六個月就
要換一次，長期不換不
僅容易滋生細菌，刷毛
也會損壞。

怪不得我的
牙齒愈刷愈
不舒服。

我看你的牙齒不像
是牙刷刷壞的，更
像是被腐蝕了！

我用的就是
你說的抗敏
牙膏啊。

這不就是我們做
的假牙膏嘛！包
裝還是我讓工廠
設計的。
啪
啪

騎牛小鬼，這是怎麼回事？
怎麼了？

你竟然給我用假牙膏！是不是又把錢私吞了？
假牙膏？

那是從淘金殭屍那裏買的新品。再說我也沒見過假牙膏，分辨不出來啊。
這倒是，很少人知道我的計劃。

親愛的植物剋星，你能幫我治療嗎？
可以是可以，但是……

你嘴裏的氣味很難聞，先離我遠一點！

我現在沒有補牙材料，需要先去一個地方。

獨門「暗器」

這裏的風景
真美啊！

空氣也很
清新。

呸呸呸……

你怎麼了？

我總感覺牙
齒裏塞了甚
麼東西。
我這裏
有……

走過路過，
不要錯過！

去看看！
又開始湊
熱鬧了。

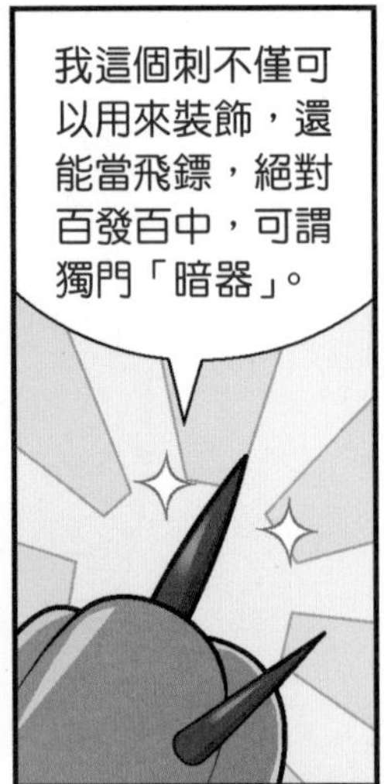
我這個刺不僅可
以用來裝飾，還
能當飛鏢，絕對
百發百中，可謂
獨門「暗器」。

這些刺真有
你說的這麼
神奇嗎？

請盯着前面
那棵樹。

看我飛刺！
嗖
嗖
嗖
嗖

射中了！
怎麼樣？
厲害吧！

但巴豆也被
射中了……

實在對不住，今
天手感不太好。
輕點，
哎喲！

你今天對我
造成了很大
的傷害！
那我該怎麼
補償你呢？

送我幾根刺
就可以。

當然可以，你也
覺得我這刺不錯
吧？這根很尖，
給你！

其實我只是
需要幾支牙
籤而已。
我的刺真
是大材小
用了！

哼，仙人掌真
小氣，就送給
我一根刺！

不過這根刺用
來剔牙倒是挺
合適的。

這不安全，而且
以後最好也不要
用牙籤剔牙。

牙籤容易攜帶
細菌，用牙籤
剔牙會引起許
多口腔問題。

真的嗎？

牙籤還容易刺激牙周
組織，引發牙齦炎、
牙周炎等，更嚴重的
還會導致牙齒鬆動。

不用牙籤剔牙我
會難受死的。

給你牙
線棒。

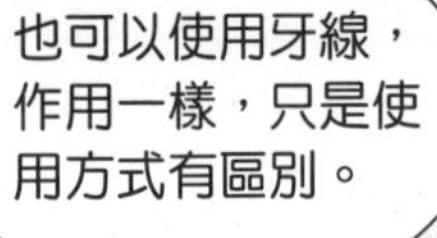
也可以使用牙線，
作用一樣，只是使
用方式有區別。

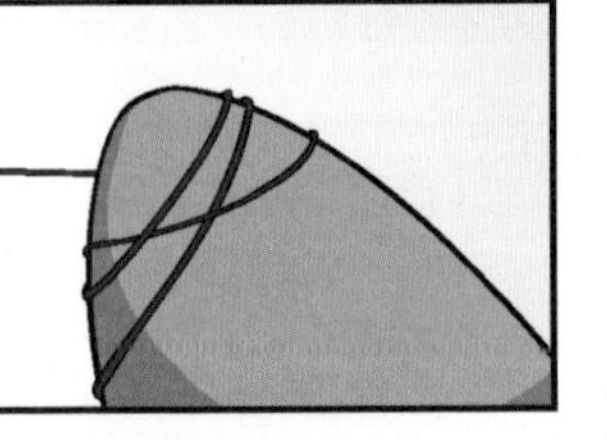

牙線棒怎
麼用啊？
輕輕將牙線放入牙
間隙，使牙線慢慢
滑入，上下、前後
移動，就可以剔除
齒垢了。

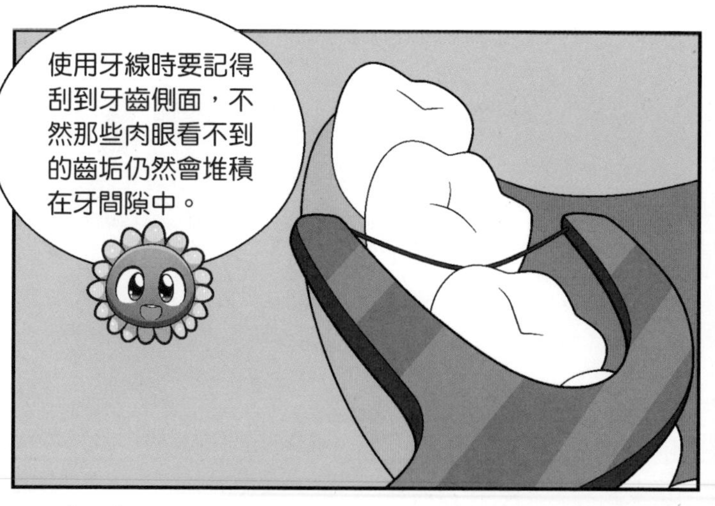
使用牙線時要記得刮到牙齒側面，不然那些肉眼看不到的齒垢仍然會堆積在牙間隙中。

使用牙線棒真方便，這根刺沒用啦！

哎喲！

殭屍博士？！

冤家路窄

小路上

真是冤家路窄，哪裏都能遇到討厭的植物！

你們也是去白牙城吧？看來植物鎮的補牙材料用完了。

你是誰？
大名鼎鼎的
植物剋星！

植物剋星？你
們聽過嗎？
沒有。
根本就沒甚
麼名氣嘛。

你怎麼知道植物鎮的
補牙材料用完了？難
不成假牙膏事件就是
你們在搗鬼？！

沒錯，能想出
這個完美計劃
的只能是我！

你是怎麼把假
牙膏弄進植物
鎮的？
哼，想要混
進去簡直太
容易了！

喂，你們嘰里呱
啦說了一大堆，
是把我忘了嗎？
還有我！

那就準備接
招吧！

別以為我
會怕你！
沒錯！

騎牛小鬼，
給我上！
啪
我……

你們誰也
逃不掉！
砰
好可怕！

咦，你怎
麼也躲起
來了？

你翻他們的
包幹甚麼？
我看看這是甚
麼牌子的，看
着挺結實的。

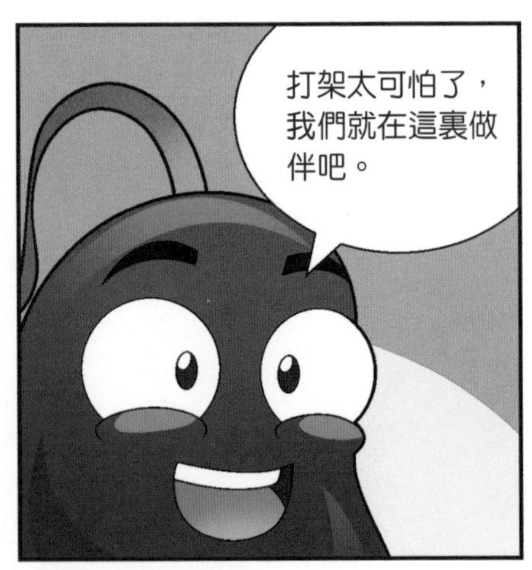
打架太可怕了，
我們就在這裏做
伴吧。

誰要和你
做伴！
大家都這麼膽
小，就不能互
相包容嗎？

啊！

博士，小
心啊！

哎喲！甚麼
東西砸了我
的眼？

你還不如不
說話呢！

這次先放過
你們！
是我們放過
你們吧……

石頭後面還
有一個！

巴豆，我和
你沒完！
嗖

你剛才用了
甚麼武器？
好厲害！

武器？

巴豆，你
的牙？
啊

剛才一緊張，
把閃電蘆葦給
我裝的活動假
牙弄飛了。
活動假牙？

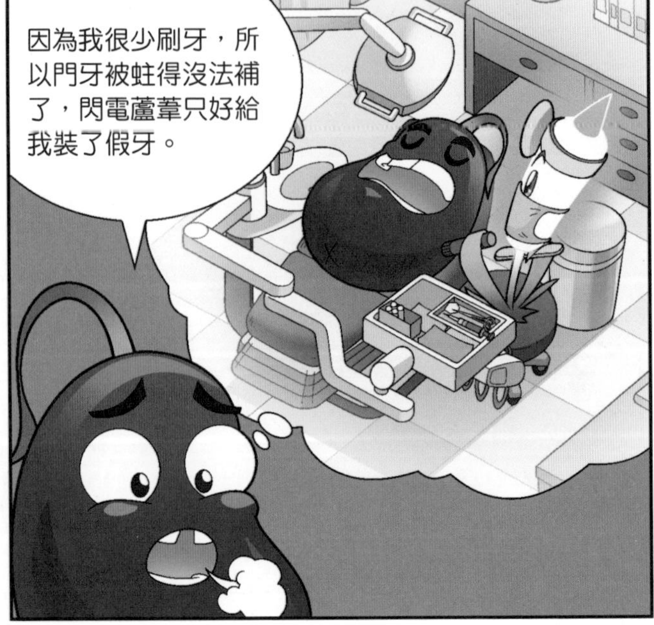

因為我很少刷牙，所
以門牙被蛀得沒法補
了，閃電蘆葦只好給
我裝了假牙。

所以剛才是你的假牙砸到了殭屍博士？
嗯。

真沒想到，小小年紀的你牙齒問題這麼多，當心老了以後「老掉牙」。
沒錯。

「老掉牙」？

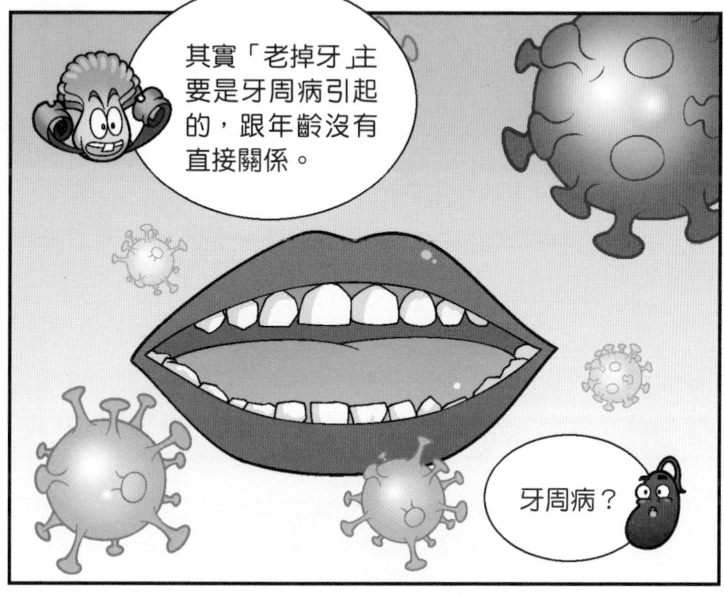
其實「老掉牙」主要是牙周病引起的，跟年齡沒有直接關係。
牙周病？

牙周病是常見的口腔疾病。如果口腔清潔不徹底，就會導致食物殘渣和牙菌斑堆積，長此以往，牙菌就會逐漸侵入牙齦深層，對牙周膜、牙骨質等造成破壞，形成牙周炎。

如果牙周炎得不到治療，牙齒賴以生存的「土壤」就會逐漸退化，牙齒就會逐漸鬆動乃至脫落。
如果人們能夠及時治療牙周炎，是不是老了也能有一口好牙？

你說得對。而且只要好好保持口腔衞生，很多牙周疾病都能預防。

那以後我要注意口腔衞生。

巴豆，戴假牙有甚麼感覺？
不是很舒服，吃東西也不敢太用勁。

可是沒了那顆假牙，你怎麼啃東西呢？

對啊，我怎麼啃東西啊？

別難過啦，前面就能補牙了！

白牙城

白牙之城

這就是白
牙城啊。

好刺眼！

他的牙齒可真白啊！

看！
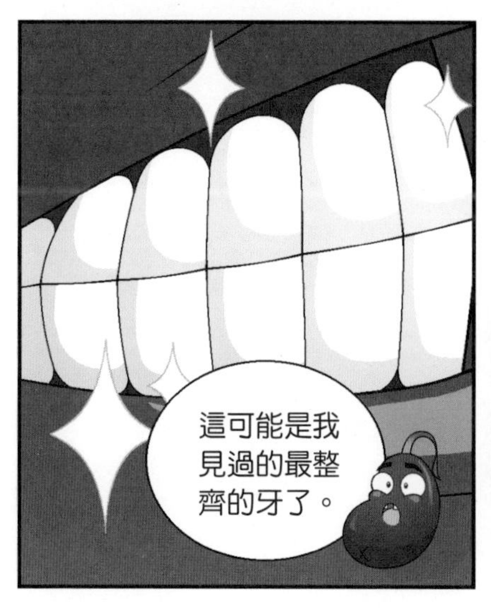
這可能是我見過的最整齊的牙了。

你們好，我是竹員外，歡迎你們的到來！
你們好。

閃電蘆葦院長給我
打過電話了，植物
鎮現在怎麼樣？

需要補牙的患者
太多，我們急缺
補牙材料。

你們可以放心，
補牙材料要多少
有多少。
太好了！

為甚麼白牙城裏
所有人的牙齒都
這麼整齊亮白？
因為我們有
良好的護牙
習慣。

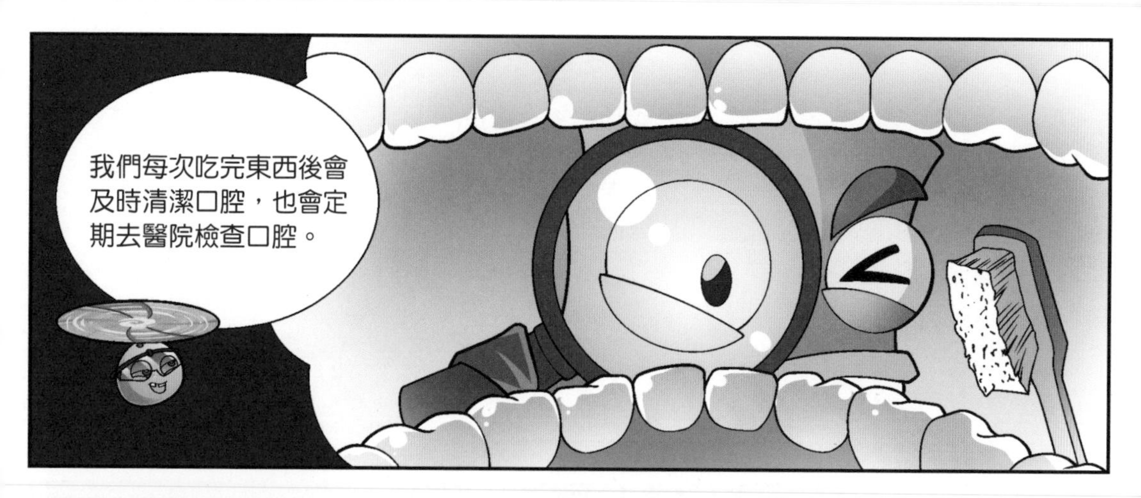
我們每次吃完東西後會
及時清潔口腔，也會定
期去醫院檢查口腔。

在飲食上，我們盡
可能少吃巧克力、
餅乾、蛋糕等黏稠
度較高的甜食。

那你們喝
可樂嗎？

很少喝。經常喝這種
碳酸飲料，容易損壞
牙齒，還會造成身體
缺鈣。

那你們都吃
甚麼啊？

我們會多吃蔬菜、
粗糧、牛奶等含糖
量比較低的食物。
可這些我都
不愛吃……

咦，你的
牙齒少了
一顆？

太好了！
我的假牙都掉了，
你還叫好？

抱歉，我的意思是兒
童的骨骼、口腔尚在
發育期，活動假牙需
要定期檢查和更換。
自動補
牙儀？
我發明了一台自動補牙儀，
但是白牙城的居民根本用不
上，正好今天幫你看一下。

就是能夠根據
牙齒情況自動
補牙的儀器。
那我又能愉
快地啃東西
啦！快給我
安排吧！

巴豆跟我去實驗室，
你們和漩渦枇杷去倉
庫拿補牙材料吧。
嗯！

等等！
怎麼了？

你們再看一
眼我現在的
樣子吧。

我擔心自己
補完牙太帥
了，你們認
不出來。
你想多
了……

歪打正着

竹員外實驗室

這就是自動
補牙儀。

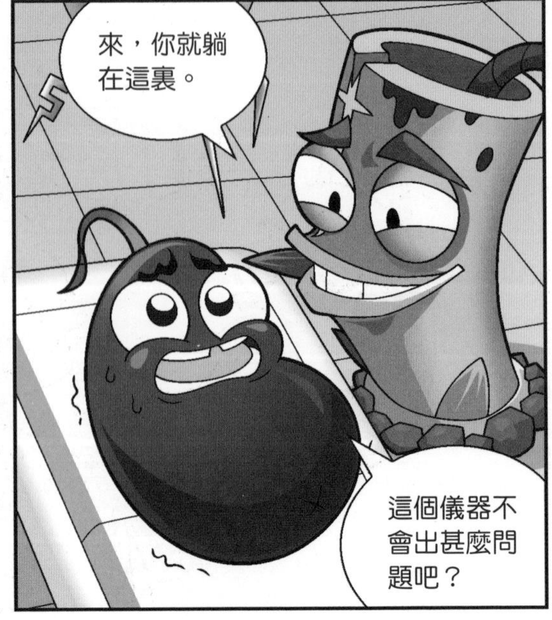
來，你就躺
在這裏。
這個儀器不
會出甚麼問
題吧？

這裏有最先進的
智能系統，只要
設定好程序，絕
對不會出錯的！
透視

那我就放
心了。

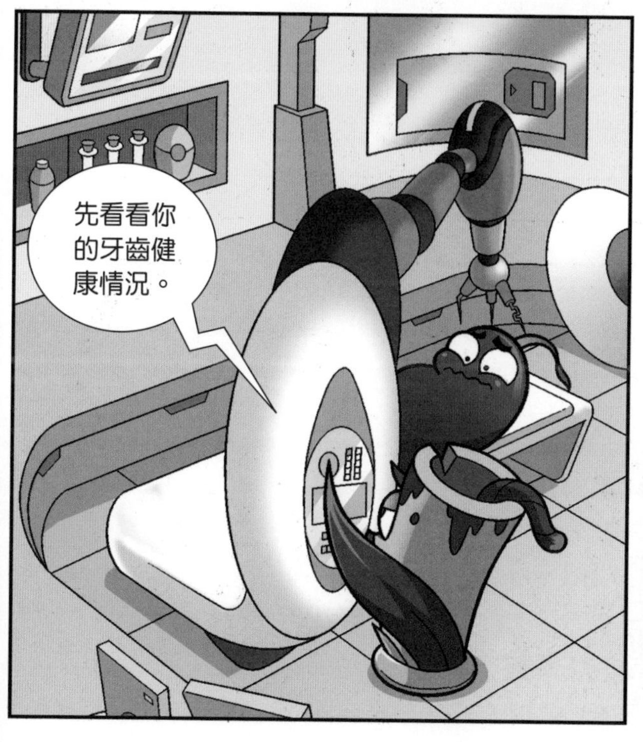
先看看你
的牙齒健
康情況。

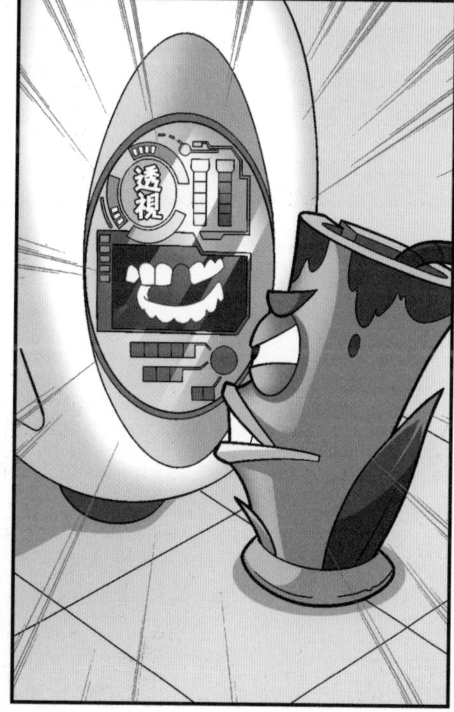
透視

你這牙齒……
怎麼了？

好久沒見到有問題的牙齒了，我太激動了。

你看，這顆牙歪了！
透視
這不是沒壞嗎？

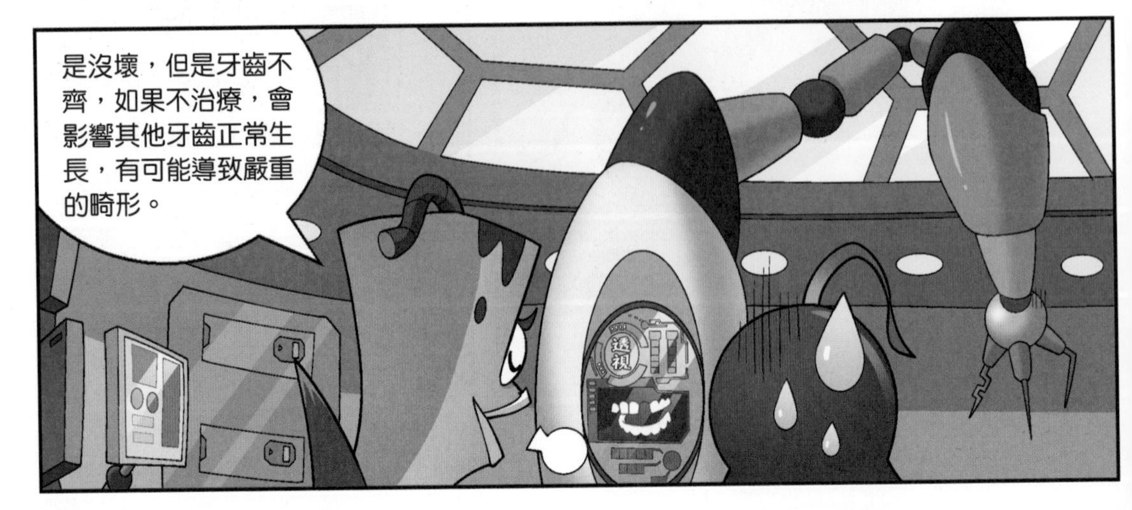
是沒壞，但是牙齒不齊，如果不治療，會影響其他牙齒正常生長，有可能導致嚴重的畸形。
透視

還有最裏面那顆牙，已經嚴重齲壞，必須立刻拔掉。
不拔行嗎？

不行，如果任由其發展到牙根尖膿腫，可能危害到心臟、腎、關節等重要器官。

而且對孩子來說，齲齒影響咀嚼，容易造成面部發育不對稱，還會引發營養不良，影響身體發育。

話是沒錯，可我還是不想拔。

我……我突然想
起來還有點事，
先走了！

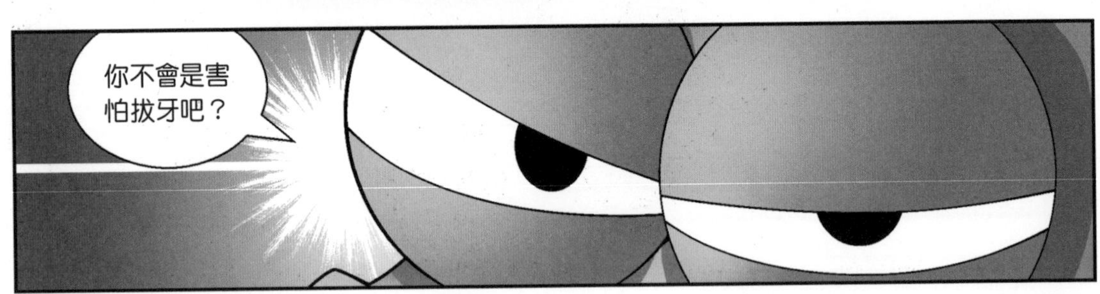
你不會是害
怕拔牙吧？

當然不是！

我只是……
有點暈血。

所以就等我長大後不暈血了再來拔牙吧！

不行！
嗒嗒

以前閃電蘆葦是怎麼給你拔牙的？
這個……那個……我忘了！

他不會是用了束縛治療法吧？

當然不是！
你想錯了！
嗒嗒嗒

放心，我是不會對你這麼做的！
真的嗎？

當然，因為我有更好的治療方法。

你看那邊！

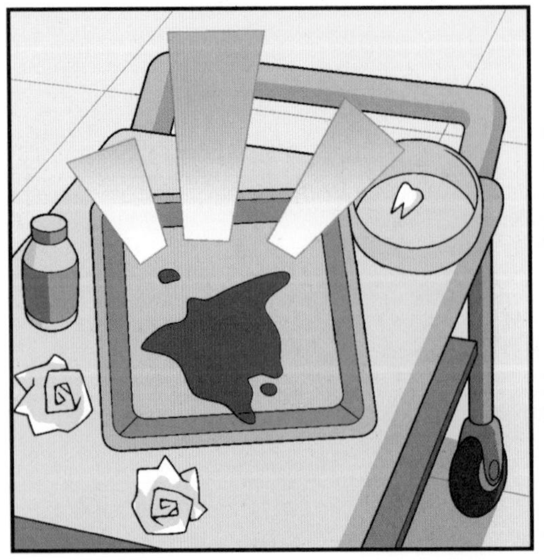

不會是……
原來你真暈血啊。

歪打正着，沒想到中午剩的番茄醬還有這樣的用處。

拔牙，補牙，再矯正，我是勤快的小牙醫！

砰

咚

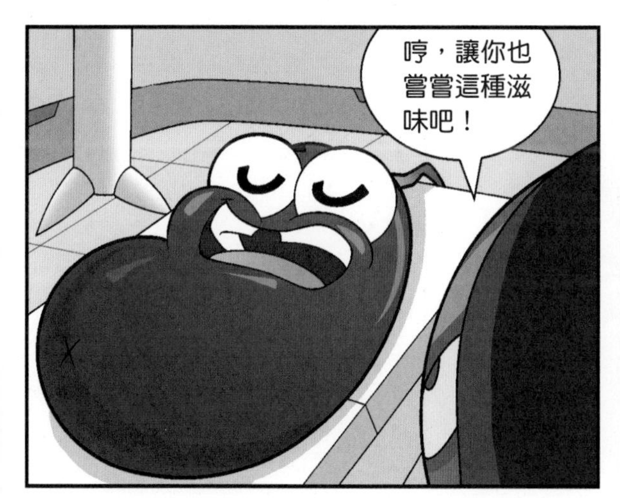
哼，讓你也嘗嘗這種滋味吧！

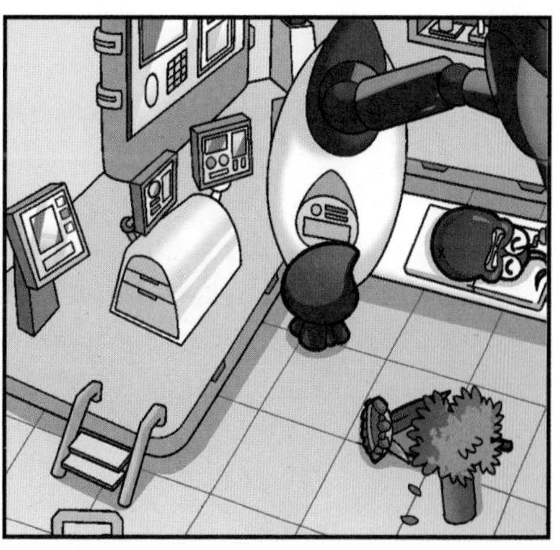

地動山搖

白牙材料工廠

這裏就是生產補牙材料的工廠。

這裏有好多生產線！
是的，我們這兒能生產很多種補牙材料。

目前使用最廣泛的補牙材料是複合樹脂。這種材料的顏色比較接近天然牙齒，而且強度適中，符合大多數病人的需求。

我們這兒還有玻璃
離子水門汀等類型
的補牙材料，種類
還是很全的。
原來補牙材
料還有這麼
多學問。

不知道巴
豆現在怎
麼樣了。

雖然不知道具
體情況，但有
一件事是顯而
易見的。
甚麼事？

巴豆一定
很害怕！
撲通

補牙其實並沒
那麼可怕啊。

也就是裝假牙比較麻
煩些，一般來說，補
牙主要是窩洞製備、
填充材料，最後再拋
下光就可以了。
窩洞製備：磨除齲壞
組織，備成洞形，以
用於填充補牙材料。

巴豆還是個
孩子……
會不會很
疼啊？

不用擔心，
醫生會根據
情況使用麻
醉劑的。

還是很人性化的。
你知道的還挺多。

牙齒的學問太多了，我也只學了一點皮毛，還要跟竹員外好好學習才行。

轟轟

快跑！

嗒嗒
嗒嗒

不好，倉
庫那邊也
被炸了！
轟隆隆

怎麼會這樣？
全毀了！

你們看！
炸彈的碎片！看來是有人故意製造了這起爆炸事故。

到底是誰幹的？！
漩渦枇杷，我們一定會幫你們找出兇手！

咔嚓
誰？

冤家路窄啊！

殭屍博士！
快追！
等等我！

別想跑！

哼

這一切都是你搞的吧？
是又怎樣？！

工廠和倉庫被炸，所有的補牙材料都毀了！

是嗎？那你們白
牙城的補牙材料
也太少了。

你為甚麼要這麼
做？這樣你們殭
屍也沒有補牙材
料可用了！
別人我
不管。

我自己需要
的已經裝在
包裹了！
聰明如我
哈哈哈

不把背包留
下，你別想
離開！

唰
喂，真打啊？

哎呀！

嗒
嗒嗒

植物鎮情況緊急，這些材料你們就先帶回去吧。
謝謝！

幸好還剩一些。

事不宜遲，我們趕緊跟巴豆會合，然後返回植物鎮。

等一下！

你們不覺得殭屍博士這一次很反常嗎？

確實，這次我們贏得太容易了，難道是……

我變強了？

我們還是趕緊把補牙材料帶回植物鎮吧。

禍不單行

乖，我先給
你拔牙！

不要！

別過來！

原來是你們啊，剛
才做夢嚇死我了！

你的牙！

補好了？

補是補好了，
就是……

很帥吧？
唓
唓

你還是自
己看吧。

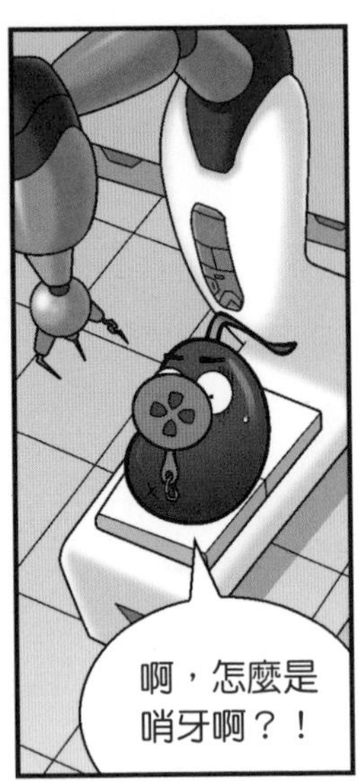
啊，怎麼是
哨牙啊？！

竹員外！

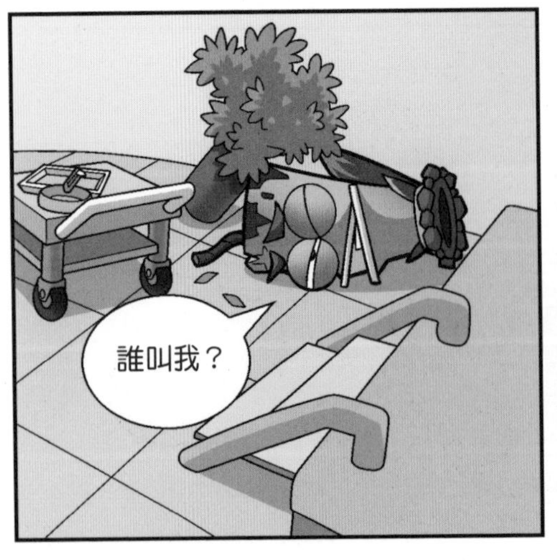
誰叫我？

我的腦袋
好疼啊。

別以為說腦
袋疼我就會
原諒你！

巴豆，冷靜！
有話好
好說！
怎麼了？

你自己看，我
的牙到底是怎
麼回事？
這個……

我只記得當時我在
設置程序，突然腦
袋一暈，就甚麼也
不知道了。

我不管，這
太難看了！

有了！用自動補牙儀修正一下就行了。

啟動

砰

這下沒救了！

別傷心，不用自動補牙儀我也可以給你修整牙齒。

真的嗎？

巴豆，你要相信竹員外。

我先處理補的哨牙，再給另一顆牙齒做矯正。

為甚麼要做矯正？

因為我有顆牙長歪了。

像牙齒不整齊、哨牙、倒及牙等都屬於牙齒畸形，經過矯正一般都能得到改善。

牙齒畸形不僅僅是美觀問題，如果不及時治療，會影響咀嚼，增加齲齒發病率，造成營養不良。

可是我怕疼。
巴豆，如果不治療，你可能再也不能隨心所欲地吃美食了。

巴豆，堅強一點。

嗒
嗒
喂，你跑
甚麼？

植物鎮現在情況緊急，
我們要儘早趕回去！以
大局為重！

他們果然
上當了。
現在就靜
觀其變吧，
哈哈。

對了，你需要
的補牙材料留
好了嗎？
當然，我
特意留了
兩盒。

這次沒弄
錯吧？
我又不是騎牛
小鬼，怎麼可
能弄錯？！

為了區分，我特意在
給他們的材料盒上貼
了「偽」字標簽，這
兩盒可沒有。

那就好，回
去我就幫你
補牙。
還是你比較
可靠！

你最近是不
是又沒好好
刷牙？
你怎麼
知道？

你嘴裏的氣味方圓
十里都能聞到。

既然你不愛刷
牙，那我送你
一個禮物吧。
唰

這是甚麼？
洗牙儀，清潔力
度很大，應該適
合你。

你太貼
心了。

偽
掉

風波再起

植物鎮醫院

沒想到這一切都是殭屍和那個植物剋星幹的！

知道植物剋星是誰嗎？
我們還沒有查到他的真實身份。

也不知道他們究竟有甚麼目的。

別灰心，至少現在已經找到了敵人，也順利拿回了補牙材料，你們已經很棒了！

這是甚麼？
偽

防偽標籤吧。
放心，這是我們從殭屍博士那裏搶回來的，不會有錯。
「偽」？防偽？

你們是不是忘了甚麼？

對，巴豆這次做得也很不錯！

不是這個！旋風橡果哥哥已經準備好了，甚麼時候開始補牙？

3 小時後

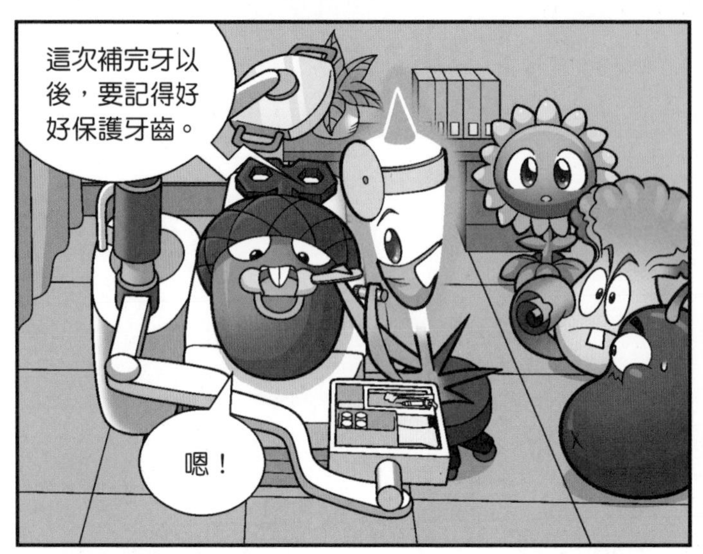
這次補完牙以後，要記得好好保護牙齒。
嗯！

巴豆，你的牙齒治療方案我還需要研究一下，在這期間你也不能掉以輕心。
知道啦。

院長，麻煩您也幫我們看一下牙齒吧。

去之前牙齒還好好的，不知怎麼回事，回來的路上就不舒服了。
我的也是這樣！
這就奇怪了。

你們的牙齒也壞了？

我想起來了！當時在路上與殭屍博士對戰時，植物剋星曾翻過你們的包！

難道在那個時候，我們的牙膏被換了？
太可惡了！

我來看一下你們的牙齒。

旋風橡果家
啊
嗚

這可怎麼辦！還是先去找醫生吧！

開門

閃電蘆葦院長！
巴豆，你來得正好，你的牙齒治療方案我已經想好了。

太好了！

不對不對，這
件事先放放，
您快去看看橡
果哥哥吧！
他怎麼了？

旋風橡果家
啊
嗚

他這是？

啊
嗚
啊
嗚

他自從補完
牙就變成了
這樣。

不能再讓
他吃了。
別過去！

不許動我
的甜品！
哎喲！

只能用這個
讓他鎮定一
下了。

嗖

旋風橡果家
你終於醒了！

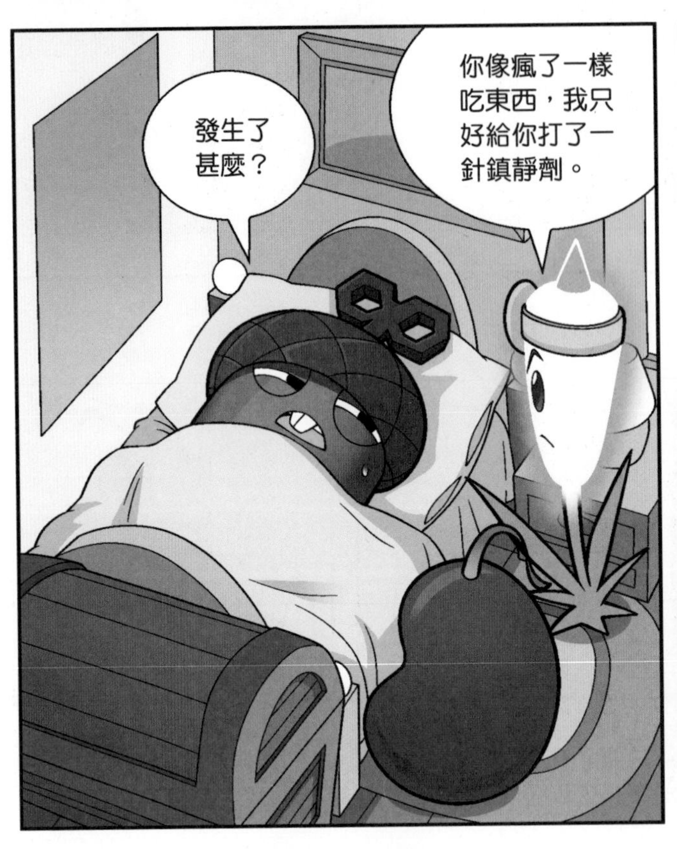
發生了甚麼？
你像瘋了一樣吃東西，我只好給你打了一針鎮靜劑。

旋風橡果哥哥，你怎麼變得比我還愛吃甜食？
我也不知道，補完牙，我就對甜食上癮了，不吃就覺得非常難受。

這太奇怪了，怎麼會突然上癮到這種程度？

先讓我看看你的牙。
啊～

現在你牙齒的
情況比補牙之
前更糟了。
一定和吃
了太多甜
食有關！

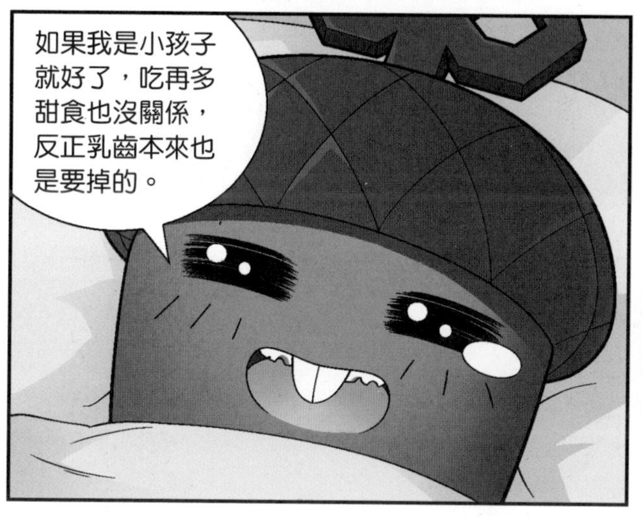
如果我是小孩子
就好了，吃再多
甜食也沒關係，
反正乳齒本來也
是要掉的。

你錯了，雖然恆齒
會替換掉乳齒，但
是不代表乳齒壞了
也沒關係。

如果對齲壞的乳齒放
任不管，那就有可能
影響到恆齒牙胚的正
常發育，到時候連恆
齒也一起壞了。
看來護牙甚麼
時候都不能掉
以輕心啊。

閃電蘆葦院長，
外面大亂了，您
快去看看！
甚麼？

小鎮大亂

植物鎮

給我吃一口。

別搶我的雪條！

嗖
大家都和旋風橡果一樣對甜食上癮了！這究竟是怎麼回事？！

你憑甚麼說是你的？！
在我嘴裏當然是我的。

舔

現在它是我的了！

火龍草太過分啦！

不要打架，有話好好說！

吧唧

好疼啊，真是太糟糕了。

向日葵，你是想吃粽子了嗎？

這個大嘴花也太過分了，竟然咬人。可是怎麼會咬得這麼嚴重？

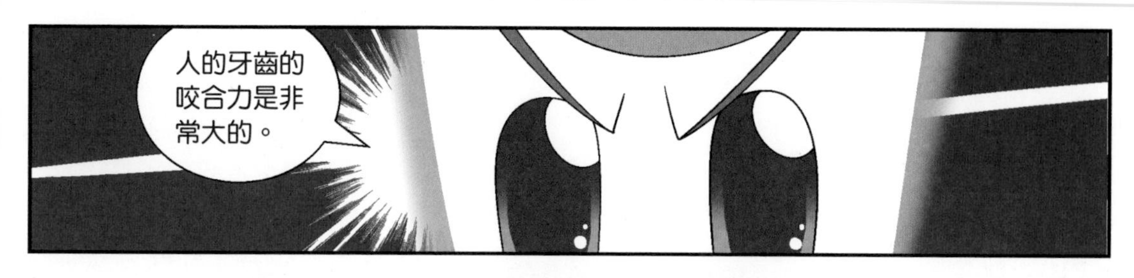
人的牙齒的咬合力是非常大的。

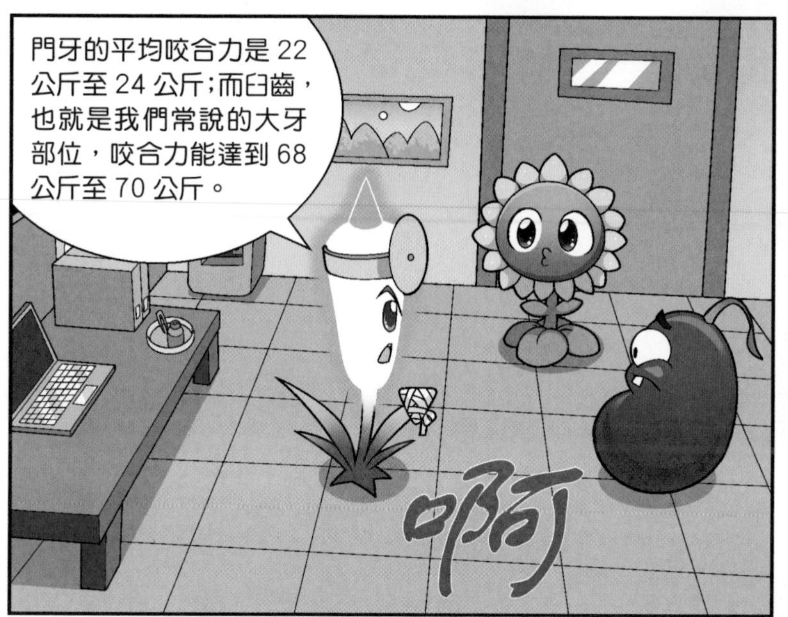
門牙的平均咬合力是 22 公斤至 24 公斤；而臼齒，也就是我們常說的大牙部位，咬合力能達到 68 公斤至 70 公斤。
啊

而且口腔中的細菌數量非常多，被咬傷後如果不及時處理傷口，很可能會引起感染。

巴豆，剛才你也被咬了嗎？
對啊。

不過我是被蚊子咬的。

植物鎮街頭
吵吵鬧鬧
PLANTS

快走，外面出事了！

咦？

你們怎麼還不走？
我想吃蛋糕。
我也是……

連你們也變
成這樣了！

我一直都是
這樣啊。

殭屍，我
來了！
嗒嗒嗒
啊！

太好了，竟
然有蛋糕！

往事的陰影

植物鎮

膽小鬼們，有
本事就出來！

終於到我們殭
屍一雪前恥的
時候了！
博士，我看那些
植物一定是嚇壞
了，哈哈！

再大點兒聲，把
他們都喊出來！
是！

植物鎮
植物鎮的膽
小鬼們，都
趕緊出來！

這些殭屍，
實在是太囂
張了！

菜問和向日葵
跟我搶吃的？

他們都被甜食誘惑了，得趕緊想個辦法。
看我的！
砰
我的蛋糕！
巴豆，你幹甚麼？！
不吃也別丟掉啊……
別管蛋糕了！殭屍來勢洶洶，一定不簡單。快去把大家集合起來！

好！
今天這一戰
看來是無法
避免了。

這一次，我
們能不能打
贏呢？

哈哈，又
是你，好
巧啊！

啪

你明明變成了哨
牙，為甚麼還像
沒事人一樣？！

那我應該像甚麼人一樣？

你應該……自卑、敏感啊！

你這麼兇幹嗎？救命啊！
OPEN

好像是巴豆的聲音！
哼，他們忙着呢，誰會來救一個哨牙的膽小鬼呢！

他們會！

你們要以多欺少嗎？

你還沒這個
待遇，我單
挑你！
你究竟
是誰？

瓷磚蘿蔔？！

你為甚麼要背
叛植物鎮？
怎麼是你？

是不是殭屍
逼迫你的？

哼，以前的事
你們難道都忘
了嗎？
以前？

因為我長了哨牙，
從小就受盡了你們
的嘲笑！

為甚麼他的
牙是齜出來
的啊？
這是哨牙。
好難看……
我可不要
這樣！

我爸媽怕我把牙齒硌壞，
一直給我吃軟的食物，結
果我長出了雙排牙，你們
又嘲笑我。
天啊！
他的牙有裏
外兩排呢！
是不是嘴裏
住了一個小
怪物？
我可不要
這樣！

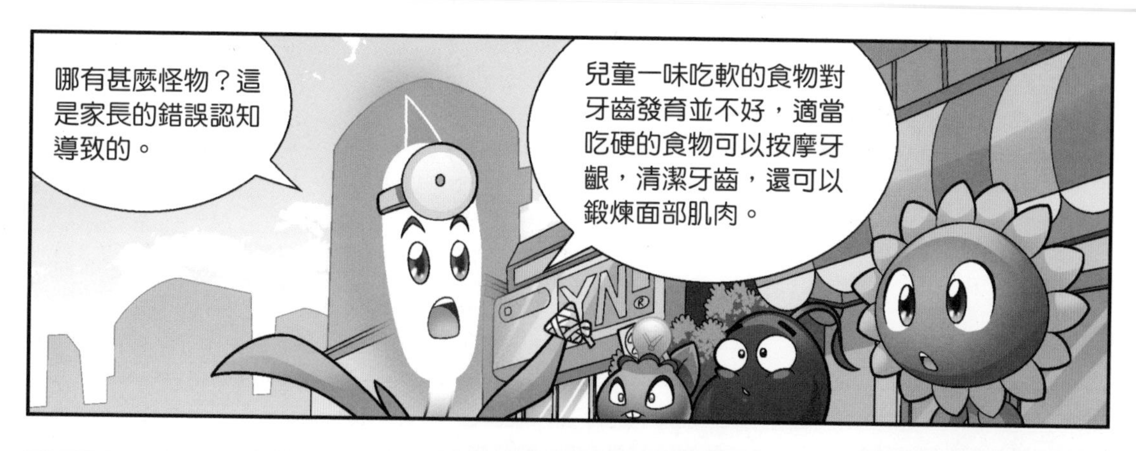
哪有甚麼怪物？這是家長的錯誤認知導致的。
兒童一味吃軟的食物對牙齒發育並不好，適當吃硬的食物可以按摩牙齦，清潔牙齒，還可以鍛煉面部肌肉。

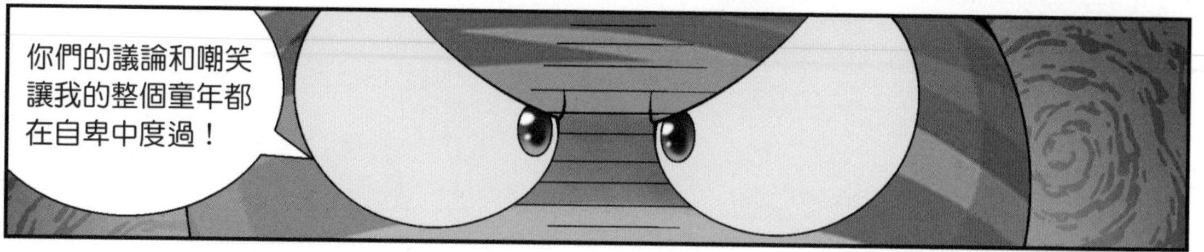
你們的議論和嘲笑讓我的整個童年都在自卑中度過！

從那時起，我就下決心一定要讓嘲笑我的人都嘗嘗牙齒不好的痛苦！
哈
哈
哈
現在你們已經知道了一切，要怎麼樣隨便你們。

你們怎麼還
不動手？

對不起，我小時候不懂事，沒想到給你造成了這麼大的傷害……
對不起，我們不該那樣對你……

你們……

牙齒在發育過程中會出現各種問題，有問題，找牙醫！

可是……可是我傷害了你們啊。
做錯事不可怕，只要知錯能改，就還有彌補的機會。
沒錯，是我們小時候做錯在先，請你原諒我們。

你們真的還願意接受我嗎？
當然願意，你永遠是我們植物大家庭的一員！

謝謝你們，以前……是我錯了！

陷入絕境

植物鎮大門外
趕緊投降，趕緊投降……

你們竟敢讓我們等這麼久！
別喊了，我們來了。

沒錯，我早就在補牙材料裏加入了會對甜食上癮的藥物，再故意讓你們把材料搶走，哈哈哈！
這一切又是你在搗鬼！

殭屍博士，
收手吧。
你是哪
根蔥？

我就是那個
植物剋星！

原來你還是
個叛徒！
叛徒沒資
格說話！

手下敗將，你覺
得這回就能戰勝
我們了嗎？
赤手空拳，
當然不行。

但是，我帶
了新裝備！

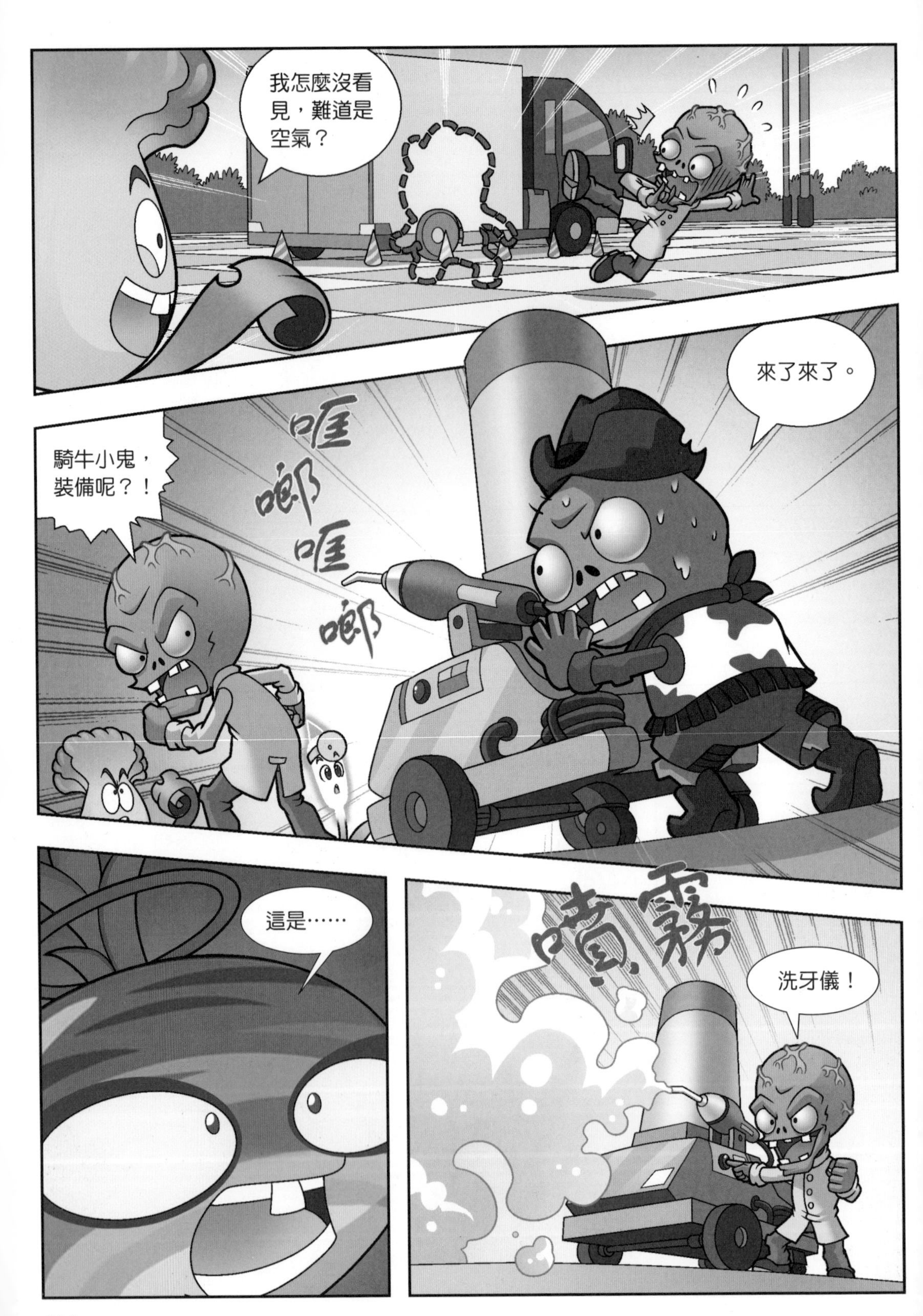
我怎麼沒看見，難道是空氣？
來了來了。
騎牛小鬼，裝備呢？！
哐
啷
哐
啷
這是……
噴霧
洗牙儀！

哈哈，這
就是你的
新裝備？

哎喲，我
的牙！

牙好疼！
哎喲！
疼！

瓷磚蘿蔔，這是怎
麼回事，洗牙儀對
牙齒有這麼大的傷
害嗎？
洗牙儀是依靠超聲波潔治
機工作頭，在牙齒上的高
頻振動來去除牙結石，雖
然的確能在琺瑯質上產生
刻痕，但是絕對不會有這
麼大的傷害！

那他們這是怎麼了？
我知道了！

一定是洗牙儀剛才噴出的水霧和大家用的補牙材料發生了反應，所以才使牙齒產生劇痛。

大家快把嘴閉上，無論如何不要張開。
還好我沒補過牙。

可是我的牙也不疼啊！
因為你的補牙材料和我們的不一樣吧？

你們可別太小看我了！

水柱攻擊！
我是不會屈服的！
還不死心？那就讓你嘗嘗終極絕招，噴砂攻擊！
啊
哈哈哈，沒有人能打敗我的超強改裝洗牙儀！
溜走

天降神兵

植物鎮醫院

快開門！

唉——

你歎甚麼氣？
我的牙齒長了斑，這非常影響我的顏值啊。

你這是牙齒脫鈣了。
甚麼是牙齒脫鈣？

指琺瑯質表面含鈣、磷礦的物質脫落了，使牙齒呈現白色或微黃的斑點。

難道是我最近缺鈣了？

不是。牙齒脫鈣是由於不注意口腔衛生，牙齒被細菌侵蝕造成的，而且以後很可能發展成齲齒。

那我應該怎麼辦？

你把我們放了，
我就告訴你怎麼
治療。
好！

不行！博士說
了，絕對不能
放你們出去。
難道你絲毫不
顧自己的盛世
美顏嗎？
我……

但是我更
怕被博士
責罵啊。

砰
不過最讓我意外的是巴豆竟然丟下我們跑了！

都怪我，害大家被困在這裏。

你們快看！

鐵絲？

我們可以試試用鐵絲來開鎖。
這能行嗎？

試一試，死馬當活馬醫嘛。

不過——鎖在哪兒呢？

你們絕對找不到。
難道它藏在非常隱蔽的角落？

這是電子鎖！

這可是博士花費了大量心血造出來的高科技牢房，只有我手上的遙控器才能打開。
關
開

窸窸窣窣

竹員外！
謝謝你告訴我開鎖方法。

關
開

太好了！

太感謝你了！不過你怎麼會來？
是巴豆找我來救你們的。

原來他不是逃跑，
而是搬救兵去了！

巴豆呢？

誰來幫我
一把……

拉

砰！

起……
起來！

你以後少吃一
點零食吧，都
超重了！

接下來該
做甚麼？
我們要大
幹一場！

……

你們難道
和我想的
不一樣？

以我們現在
的實力……

大家還是趕
緊逃跑吧！

我們不能就
這樣屈服！
可是殭屍博士
的洗牙儀太厲
害了，我們打
不過他的。

植物鎮是我們
的家園，我絕
對不會丟下它
逃跑的！
對，我們應
該守護我們
的家園！

那我也留下來守護植物鎮。

我對牙齒研究比較多，這裏也有不少實驗設備，如果有材料的話，我可以想想辦法。
但是，白牙城的補牙材料工廠都被炸了！

這是我在倉庫廢墟中找到的一點補牙材料，希望能派上用場。

太好了，真是天無絕人之路！

爭分奪秒

哈哈哈

從今以後，植物鎮就是我——殭屍博士的天下啦！

哎喲！
咕

你別做夢了！

原來還有一條漏網之魚。
這到底是怎麼回事？

你把植物鎮的居民都藏哪兒了？

哼，不自量力！

走吧，我送你和他們團聚。

哎喲，誰這麼
沒素質，亂扔
香蕉皮！
滑
不是你自己
扔的嗎？
閉嘴！

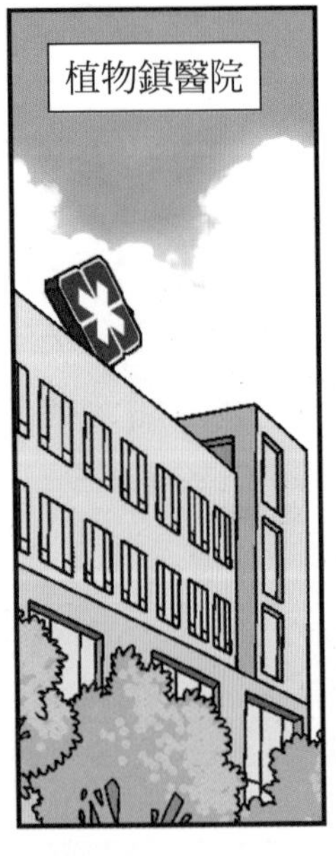
植物鎮醫院

你在做
甚麼？

我在做一種漱口水，保護牙齒不受洗牙儀毒霧的侵襲。

現在很流行用漱口水代替刷牙。
使用漱口水雖然具有一定的清潔口腔的作用，但是並不能代替刷牙。

刷牙時物理摩擦可以除去附在牙齒表面的牙菌斑。

而使用漱口水就無法達到這種效果。

既然漱口水的作用沒有那麼大，那你為甚麼不直接做牙膏呢？
時間太緊急，製作牙膏的材料也不夠。

嘭嘭
不好，有人來了！

我來幫你！

騎牛小鬼，快開門！
嘭嘭

這傢伙一定在
偷懶！

瞄

咦，沒聲音
了，他是不
是走了？

我看看。

啊！

你們果然逃出
來了，快把門
打開！不然有
你們好看的！

瓷磚蘿蔔，還
沒好嗎？

快好了，再
堅持一下！

有了！借你
當石頭用。

啊！
哈哈，看你們拿甚麼阻擋我！
哎喲！

太可怕了，還是趕緊躲起來吧！

咦，小蘿蔔在做甚麼？

離瓷磚蘿蔔
遠點！大家
快來！
走開！
啪
看我的泰
山壓頂！
砰
你逃不
掉的！

怎麼走不
動了？

我不會讓你
過去的！

還有我！
還有我！
還有我！
還有我！

大家……

你們都是在
找死！
嘩
哎喲
快點啊！
好了！

你給我
走開！
啪

菜問，快用
漱口水！

啊！

接下來就
靠你了！

咕嚕咕嚕

牙齒真的
不疼了！

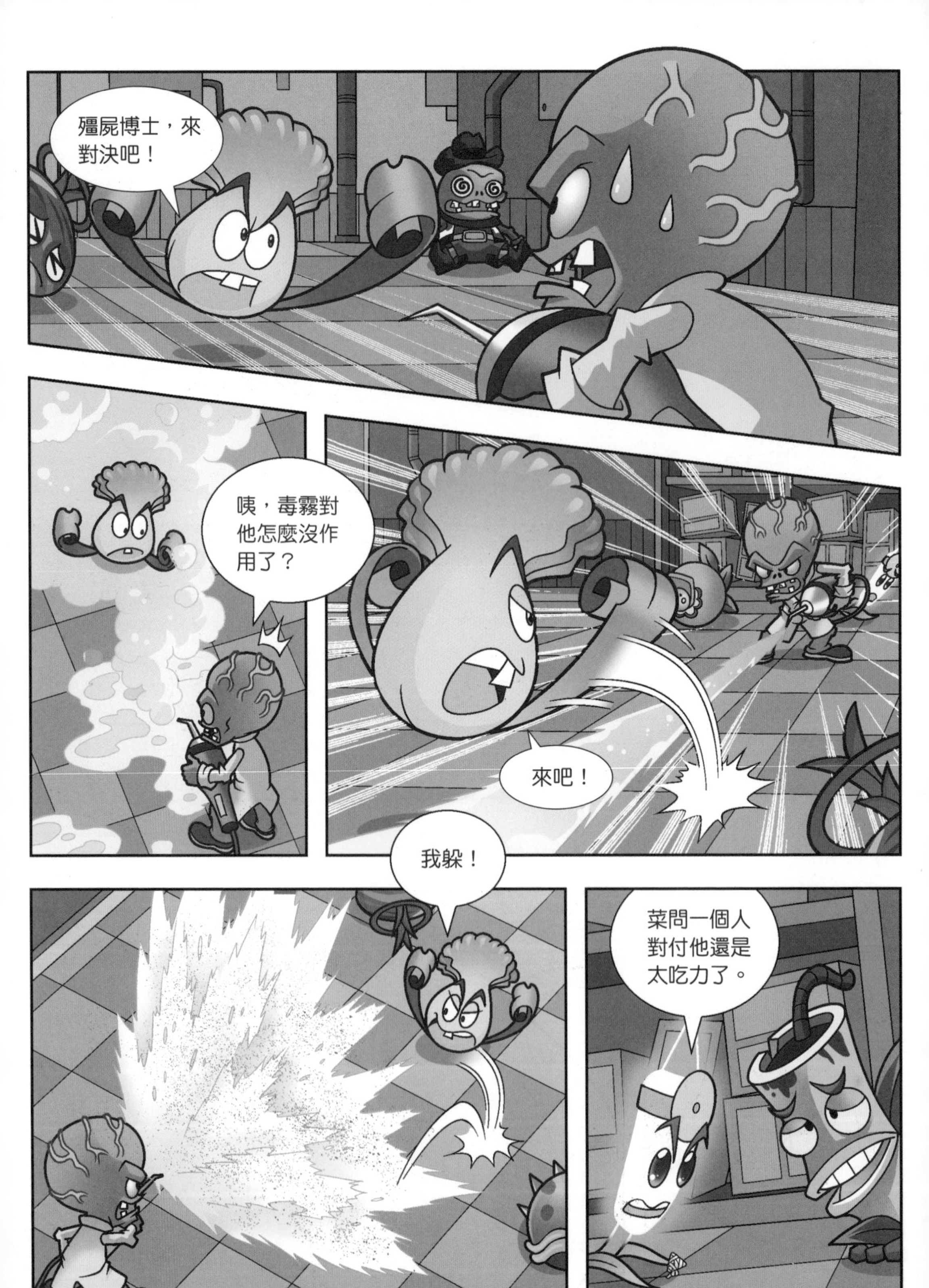
殭屍博士，來
對決吧！
咦，毒霧對
他怎麼沒作
用了？
來吧！
我躲！
菜問一個人
對付他還是
太吃力了。

出去幫他們嗎？

小巴豆！

壞殭屍，你有本事就來打我！
這可是你自找的！

啊！

我讓你噴
不了！

我頂！
哎喲，我
的牙！
怎麼回事？我為
甚麼也會牙疼？

我明明用真補牙材料啊，難道當時又弄錯了……

啊？發生了甚麼事？

哎喲！

博士，您沒事吧？

哼！

植物鎮街道

別打了，
我們走還
不行嗎？

看你們還敢不
敢亂來！

巴豆，好
樣的！
巴豆，你太
勇敢了！

我是被你們的
勇氣感動了，
這其實是大家
的功勞！

嘩

如果不是你把他們放出來，我肯定不會失敗！
我又不是故意的。

啪

想要百毒不侵嗎？
想要讓對手不堪一擊嗎？來這裏找我們吧！
——黑暗樹屋

博士，我們現在怎麼辦？

我一定會回來的！走着瞧！

（未完待續……）

甚麼是口腔？

口腔是人類消化道的起始部分，參與消化過程。人們在口腔中將食物進行切斷、磨碎及運輸。口腔還能發出聲音，形成語言，還具有感覺功能，並能輔助呼吸，是一個非常重要的器官。

口腔的不同部位有不同的名稱，前壁是「唇」，頂部是「齶」。口腔中還有牙齒、舌頭等重要器官。此外，整個口腔的內壁，都是被一層具有保護作用的黏膜層包裹着的，這層黏膜為我們提供了人體免疫的第一道防線。

世界衞生組織曾制定口腔健康標準：牙齒清潔，無齲洞，無疼痛感，牙齦顏色正常，無出血現象。這些標準看似簡單，其實很多人都無法達標。所以，為了保護好我們的口腔，就必須養成健康的生活習慣和衞生習慣，並定期到醫院進行檢查。

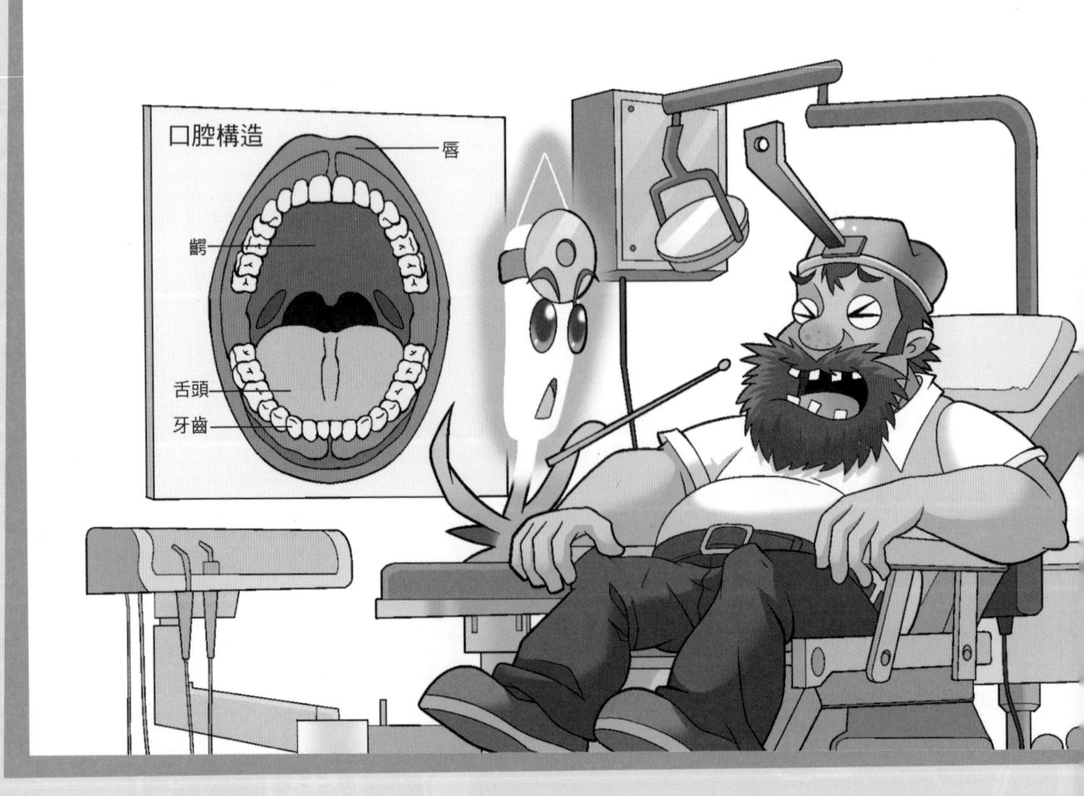

牙齒是怎樣構成的？

如果將一顆完整的牙齒剖開，我們能看到四層不同的組織，從外到內分別是：琺瑯質、象牙質、牙骨質與牙髓。

琺瑯質是牙冠最外層半透明的高度鈣化組織，非常堅硬。牙齒能夠「無堅不摧」，就是琺瑯質的功勞。

象牙質是構成牙齒的主體，一旦暴露在外，牙齒就容易出現不適感，例如當我們品嘗刺激性較強的食物時，牙齒就會感到陣陣酸痛。

牙骨質是覆蓋在象牙質根部的硬組織，也十分堅硬。

牙髓在象牙質內部的空腔內，它是牙齒組織中唯一的軟組織，由血管、神經和淋巴等組成，可以為牙齒提供營養。

如果從外觀來看，牙齒則可以分為牙冠、牙頸、牙根三部分。

牙冠是牙齒外層被琺瑯質包裹的部分，也就是暴露在口腔中，可以被我們直接看到的部分。

牙根是被牙骨質包裹，埋在牙槽骨及牙齦裏的部分。

而牙頸，就是牙冠和牙根交接的地方。

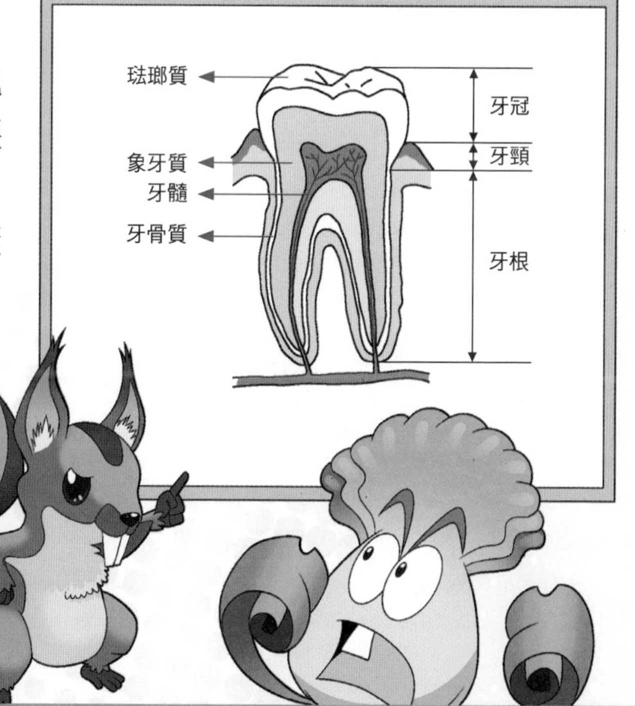

人體知識小百科

牙齒是怎麼分類的？

根據牙齒的形態與功能，我們大體可將牙齒分為四類：

門牙長在口腔的最前面，上下各 4 顆，主要負責切割食物。而在 8 顆門牙裏還分為正中間的 4 顆中門牙與兩側的 4 顆側門牙。

犬齒，俗稱虎牙，共有 4 顆，分別在上下門牙的外側。比起其他牙齒，犬齒的牙冠更鋒利，牙根更粗壯，主要負責撕裂食物。

前臼齒，位於上下犬齒的外側，共 8 顆。它們沒有犬齒那麼銳利，但也有兩個尖尖的角，可以輔助犬齒撕裂食物和幫助臼齒研磨食物。

臼齒，位於前臼齒之後。它們的數量最多，共有 12 顆，分別是第一臼齒 4 顆，第二臼齒 4 顆，第三臼齒 4 顆。它們的主要功能是磨碎食物，以方便吞嚥。

根據人的生長階段，牙齒還可以分為乳齒和恆齒。

乳齒大約從出生後 6 個月時開始萌出，共 20 顆。

恆齒一般從 6 歲開始萌出，取代乳齒，全部出齊共 32 顆。

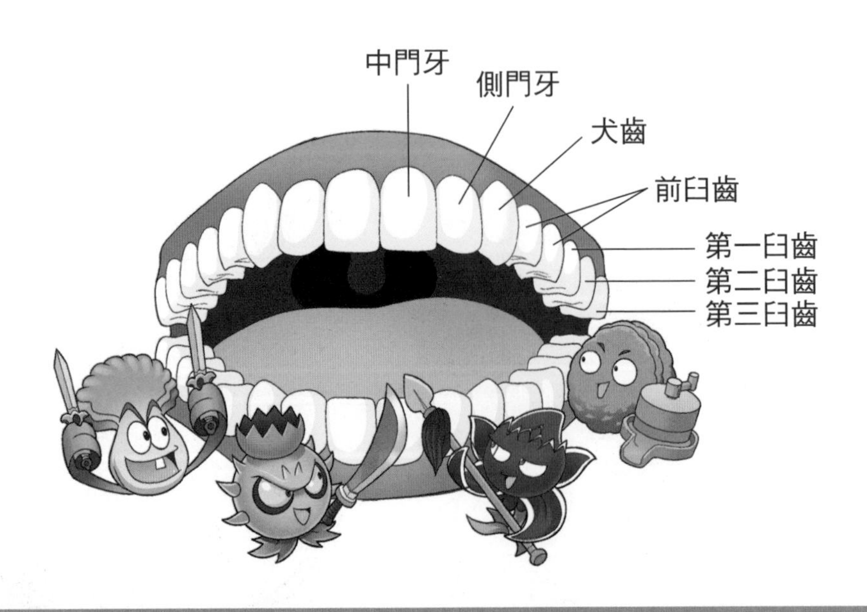

甚麼是智齒？

智齒就是第三臼齒。它為甚麼叫「智齒」呢？這就要說到它的一個特點：萌生時間晚。人類一般在 6 歲至 13 歲換牙，但第三臼齒卻是在 16 歲至 30 歲之間才會萌出，是人類最晚長出的牙齒。相對換牙期的兒童來說，此時的人們心智已經趨於成熟，所以第三臼齒因此而得名「智齒」。

智齒還有一個特點：並不是所有人都會長出 4 顆，甚至有人一輩子都不會和智齒打交道。遠古時代，我們的祖先吃的食物比較粗糙、堅硬，而智齒作為臼齒，擔負着磨碎食物的重任，以幫助人類更好地進食。然而隨着人類的進化、科技的發展，食物變得愈來愈精細，不需要那麼多的臼齒參與咀嚼，智齒也就成為人類進化史中被逐步捨棄的部分。

人體知識小百科

現代人長出智齒的時候，口腔中留給它們的空間已經不多，所以智齒往往會擠壓到相鄰牙齒，引起疼痛。又因為智齒在口腔的最裏面，刷牙時不容易刷到，所以經常出現齲齒。還有人，只長了一兩顆智齒，沒有長出對咬牙，這些智齒就可能過度生長，給我們帶來諸多不便。如果長出的智齒引起不適，一定要去醫院進行檢查，必要時可以進行拔除治療。

甚麼是口腔潰瘍？

口腔潰瘍又稱口瘡，是一種常見的局限性潰瘍損傷，主要出現在頰部、上顎、舌頭等口腔黏膜部位。口腔潰瘍一般不大，和大米粒差不多，但受到刺激時，會誘發強烈的疼痛，還會引起口臭、慢性咽炎、便祕等症狀，給人們的生活帶來很大的影響。不過，大多數輕型的口腔潰瘍是自限性疾病，也就是說，即使不治療，通常也會在一週內自行痊癒。

然而，由於口腔潰瘍的病因和致病機制仍舊不明確，醫學上至今沒有根治口腔潰瘍的方法。不過，我們還是可以採取一些措施，降低口腔潰瘍的發病率，如加強運動、少吃辛辣刺激性食物、保持心情舒暢、規律作息、避免過度疲勞，等等。

如果因口腔潰瘍而疼痛難忍，可以去藥店購買一些針對性藥物。如果口腔潰瘍長時間沒有痊癒，就需要去醫院尋求醫生的幫助。

口腔衛生不良會對身體產生哪些危害？

人們常說「病從口入」，日常生活中確實有許多疾病與口腔有關係。

口腔溫熱潮濕的環境非常適合各種細菌生長，人類的口腔中存在着至少 500 種細菌。而人類口腔的黏膜層下具有非常豐富的膜下血管網與淋巴系統，如果口腔中的細菌過多，細菌所產生的毒素就會通過血管和淋巴持續進入血液，從而侵入人體，進一步影響全身健康。

研究表明，如果一個人患有一些口腔疾病，那麼這個人患上其他更為嚴重的疾病的可能性就會大大增加。例如，牙周炎可能會引起急性感染性心內膜炎，而且患重度牙周炎的孕婦，更容易出現早產或生出過輕嬰兒。所以，保持口腔的清潔與健康，對我們每個人而言都十分重要。

換牙的時候，牙齒為甚麼容易長歪？

正常情況下，我們的每顆牙齒都會按固定的排列位置生長，最後在口腔中形成整齊的弓形牙列。當我們的口腔處於放鬆狀態時，上下兩排牙齒處於互相平衡的完美狀態，但是換牙的時候，這種平衡經常被打破。

有時恆齒已經長出，但是乳齒還沒有掉，恆齒就會被擠歪。有時乳齒已經掉了，恆齒卻遲遲沒有長出，導致附近的牙齒向空缺部位歪斜。還有，長牙的時候牙牀會發癢，孩子經常會忍不住用舌頭去舔，但是這個動作卻很容易把正在萌出的牙齒舔歪了。還有些孩子喜歡啃筆頭，時間久了就會造成牙齒外凸。如果外凸的是門牙，就成了俗稱的「哨牙」。此外，吃手、咬唇、只用一側咀嚼、不良的睡覺姿勢等，都可能導致牙齒不整齊，都要儘量避免。孩子如果出現明顯的牙齒不整齊，最好去醫院就診，必要時可以採取戴牙箍等矯正措施。

□責任編輯：華　田
□裝幀設計：龐雅美　鄧佩儀
□排　　版：楊舜君
□印　　務：劉漢舉

植物大戰殭屍 2 之人體漫畫 10
——護牙行動大反攻

□
編繪
笑江南

□
出版
中華教育
香港北角英皇道 499 號北角工業大廈一樓 B
電話：(852) 2137 2338　傳真：(852) 2713 8202
電子郵件：info@chunghwabook.com.hk
網址：http://www.chunghwabook.com.hk

□
發行
香港聯合書刊物流有限公司
香港新界荃灣德士古道 220-248 號
荃灣工業中心 16 樓
電話：(852) 2150 2100　傳真：(852) 2407 3062
電子郵件：info@suplogistics.com.hk

□
印刷
泰業印刷有限公司
香港新界大埔大埔工業園大貴街 11-13 號

□
版次
2024 年 1 月第 1 版第 1 次印刷

□
規格
16 開（230 mm × 170 mm）

□
ISBN：978-988-8861-14-9